普通高等教育"十一五"国家级规划教材
全国高职高专教育土建类专业教学指导委员会规划推荐教材

建筑设备安装工程预算（第二版）

（工程造价与建筑管理类专业适用）

景星蓉　编著
任　宏　主审

中国建筑工业出版社

图书在版编目（CIP）数据

建筑设备安装工程预算/景星蓉编著. —2版. —北京：中国建筑工业出版社，2008

普通高等教育"十一五"国家级规划教材. 全国高职高专教育土建类专业教学指导委员会规划推荐教材. 工程造价与建筑管理类专业适用

ISBN 978-7-112-09828-6

Ⅰ. 建… Ⅱ. 景… Ⅲ. 房屋建筑设备—建筑安装工程—建筑预算定额—高等学校：技术学校—教材 Ⅳ. TU8

中国版本图书馆 CIP 数据核字（2008）第 045668 号

普通高等教育"十一五"国家级规划教材
全国高职高专教育土建类专业教学指导委员会规划推荐教材
建筑设备安装工程预算
（第二版）
（工程造价与建筑管理类专业适用）

景星蓉　编著
任　宏　主审

*

中国建筑工业出版社出版、发行（北京西郊百万庄）
各地新华书店、建筑书店经销
北京红光制版公司制版
北京世知印务有限公司印刷

*

开本：787×1092毫米　1/16　印张：10½　字数：259千字
2008年7月第二版　2013年5月第十八次印刷
定价：19.00元
ISBN 978-7-112-09828-6
（16532）

版权所有　翻印必究
如有印装质量问题，可寄本社退换
（邮政编码　100037）

本书作为高等职业教育工程造价专业国家级十一五规划教材之一。从解决安装工程施工图概预算编制的原理和实际应用出发，较完整地介绍了安装工程施工图概预算的编制程序、内容、特点、方法和运用技巧。书中各专业介绍内容均配有相应插图和安装工程施工图概预算编制案例，以便读者理解。

　　本书共分六章，内容主要包括：安装工程预算定额；电气安装工程施工图预算（强电、弱电）；水暖安装工程施工图预算；通风与空调安装工程施工图预算；刷油、绝热、防腐蚀安装工程施工图预算以及设计概算的编制。

　　本书通俗易懂、图文并茂、可操作性强。可作为高等职业教育教材之一，亦可作为成人高等学校、民办高校、函授等土建类相关专业的教材，亦可供在职工程造价管理人员培训或工程技术人员自学使用，或作为应用本科工程造价专业试用教材。

* * *

责任编辑：张　晶　王　跃
责任设计：赵明霞
责任校对：孟　楠　王　爽

教材编审委员会名单

主　任：吴　泽

副主任：陈锡宝　范文昭　张怡朋

秘　书：袁建新

委　员：（按姓氏笔画排序）

　　　　马纯杰　王武齐　田恒久　任　宏　刘　玲
　　　　刘德甫　汤万龙　杨太生　何　辉　宋岩丽
　　　　张　晶　张小平　张凌云　但　霞　迟晓明
　　　　陈东佐　项建国　秦永高　耿震岗　贾福根
　　　　高　远　蒋国秀　景星蓉

第二版序言

高职高专教育土建类专业教学指导委员会（以下简称教指委）是在原"高等学校土建学科教学指导委员会高等职业教育专业委员会"基础上重新组建的，在教育部、建设部的领导下承担对全国土建类高等职业教育进行"研究、咨询、指导、服务"的专家机构。

2004年以来教指委精心组织全国土建类高职院校的骨干教师编写了工程造价、建筑工程管理、建筑经济管理、房地产经营与估价、物业管理、城市管理与监察等专业的主干课程教材。这些教材较好地体现了高等职业教育"实用型""能力型"的特色，以其权威性、科学性、先进性、实践性等特点，受到了全国同行和读者的欢迎，被全国高职高专院校相关专业广泛采用。

上述教材中有《建筑经济》、《建筑工程预算》《建筑工程项目管理》等11本被评为普通高等教育"十一五"国家级规划教材，另外还有36本教材被评为普通高等教育土建学科专业"十一五"规划教材。

教材建设如何适应教学改革和课程建设发展的需要，一直是我们不断探索的课题。如何将教材编出具有工学结合特色，及时反映行业新规范、新方法、新工艺的内容，也是我们一贯追求的工作目标。我们相信，这套由中国建筑工业出版社陆续修订出版的、反映较新办学理念的规划教材，将会获得更加广泛的使用，进而在推动土建类高等职业教育培养模式和教学模式改革的进程中、在办好国家示范高职学院的工作中，做出应有的贡献。

高职高专教育土建类专业教学指导委员会

第一版序言

高等学校土建学科教学指导委员会高等职业教育专业委员会（以下简称土建学科高等职业教育专业委员会）是受教育部委托并接受其指导，由建设部聘任和管理的专家机构。其主要工作任务是，研究如何适应建设事业发展的需要设置高等职业教育专业，明确建设类高等职业教育人才的培养标准和规格，构建理论与实践紧密结合的教学内容体系，构筑"校企合作、产学结合"的人才培养模式，为我国建设事业的健康发展提供智力支持。在建设部人事教育司的领导下，2002年以来，土建学科高等职业教育专业委员会的工作取得了多项成果，编制了土建学科高等职业教育指导性专业目录；在重点专业的专业定位、人才培养方案、教学内容体系、主干课程内容等方面取得了共识；制定了建设类高等职业教育"建筑工程技术"、"工程造价"、"建筑装饰技术"、"建筑电气技术"等专业的教育标准和培养方案；制定了教材编审原则；启动了建设类高等职业教育人才培养模式的研究工作。

土建学科高等职业教育专业委员会管理类专业小组指导的专业有工程造价、建筑工程管理、建筑经济管理、建筑会计与投资审计、房地产经营与估价、物业管理等6个专业。为了满足上述专业的教学需要，我们在调查研究的基础上制定了工程造价、建筑工程管理、物业管理等专业的教育标准和培养方案，根据培养方案认真组织了教学与实践经验较丰富的教授和专业编制了主干课程的教学基本要求，然后根据教学基本要求编审了本套教材。

本套教材是在高等职业教育有关改革精神指导下，以社会需求为导向，以培养实用为主、技能为本的应用型人才为出发点，根据目前各专业毕业生的岗位走向、生源状况等实际情况，由理论知识扎实、实践能力强的双师型教师和专家编写的。因此，本套教材体现了高职教育适应性、实用性强的特点，具有内容新、通俗易懂、符合高职学生学习规律的特色。我们希望通过本套教材的使用，进一步提高教学质量，更好地为社会培养具有解决工作中实际问题的有用人才打下基础。也为今后推出更多更好的具有高职教育特色的教材探索一条新的路子，使我国的高职教育办得更加规范和有效。

高等学校土建学科教学指导委员会
高等职业教育专业委员会

第 二 版 前 言

《建筑设备安装工程预算》是根据工程造价专业的课程教学大纲而编写的。编者结合多年从事工程造价管理理论研究和教学实践，其基本理论以应用为目的，从"必需、够用为度"着手，指导思想是贯彻执行我国现行规范、技术标准及现行"全国统一安装工程预算定额"（2000年）。在科学整合的基础上，加强了理论和实践的联系。尽可能凸显高等职业教育的特色。

本教材选用了足够量的实例、插图和练习，便于学生动手操作、实践和完整、系统地掌握安装工程施工图概预算的基本知识、基本规律和运作过程。

全书共分六章，第一章、第二章、第三章、第四章和第六章由重庆大学建设管理与房地产学院的景星蓉老师编写。在第一版的基础上，编者进行了内容整合，重点结合现时的需要，在第二章电气安装工程施工图预算中增加了有关智能建筑中电子联络系统、智能三表出户系统、综合布线系统等内容的介绍。同时对第五章刷油、防腐蚀、绝热安装工程施工图预算内容，景星蓉老师和杨宾老师共同重新进行了修改。第三章和第四章的案例图形由中国人民解放军重庆通信学院刘燕老师重新绘制。

书中介绍了施工图概预算的编制原理、编制特点、编制方法等，介绍了建筑电气（强电、弱电）以及给水排水、采暖、通风与空调安装工程以及除锈、刷油工程工程量的计算方法和定额（消耗量）的应用，介绍了建设部［2004］建标206号文推出的最新计费程序。对我国工程造价的构成作了新的解释。

本书既可作为高等职业教育教材之一，亦可作为函授或在职工程造价管理人员培训教材或工程造价专业应用本科等的试用教材和工程技术人员的自学用书。

本教材被评为普通高等教育"十一五"国家级规划教材，并得到重庆大学"十一五"规划教材基金奖励支持。

高校工程管理专业指导委员会主任委员、高等学校土建学科教学指导委员会副主任委员、重庆大学建设管理与房地产学院院长任宏教授在繁忙的工作中，对本书进行审稿，给予指导和帮助；四川建筑职业技术学院建筑管理系主任袁建新副教授给予了指点；李景云高级工程师亦给予了审稿支持，在此表示诚挚的谢意！

限于编者水平，书中存在的一些缺点和错误，敬请广大读者和同行专家批评指正。

第一版前言

《建筑设备安装工程预算》是全国建设管理类高等职业教育工程造价、工程管理、建筑经济管理等专业的主干课教材。本书根据全国高等学校土建学科教学指导委员会高等职业教育专业委员会制定的该专业培养目标和培养方案及主干课程教学基本要求而编写；是"建设类高职高专人才培养模式的研究与实践"课题研究成果的体现。编者结合多年从事工程造价理论和教学实践经验，从应用实践着手，其指导思想是贯彻执行我国现行规范、标准及现行《全国统一安装工程预算定额》(2000年)。本书具有较强的针对性、实用性；在科学整合的基础上，加强了理论和实践的联系，体现了高等职业教育的特色。故本教材具有足够量的实例、插图和练习，便于学生动手操作、实践和完整、系统地掌握安装工程施工图概预算的基本知识、基本规律和运作过程。

本教材由重庆大学城市学院的景星蓉和杨宾老师编著。全书共分六章，景星蓉老师编写了第一章、第二章、第六章，并对全书进行了统稿工作；杨宾老师编写了第三章、第四章和第五章。书中介绍了施工图概预算的编制特点、编制原理、编制方法等，介绍了建筑电气以及给排水、采暖与通风空调安装工程和除锈、刷油工程量的计算方法和定额（消耗量）的套用，介绍了建设部建标206号文推出的最新计费程序和造价计算，并对我国工程造价的构成作了最新的解释。

本教材作为高等职业教育工程造价专业系列教材之一，亦可作为函授、在职工程造价与建筑管理人员的培训教材或相关工程技术人员的自学用书。

高等学校土建学科教学指导委员会工程管理专业指导委员会主任委员任宏教授对本书进行了审稿，并给予了指导和帮助；四川建筑职业技术学院袁建新副教授给予了指点；此外河南省平顶山工学院的吴信平老师也对本书的编写给予了支持，在此一并表示诚挚的谢意！

限于编者水平，书中难免存在一些缺点和错误，敬请广大读者批评指正。

目 录

第一章 安装工程预算定额 1
- 第一节 安装工程预算定额概述 1
- 第二节 安装工程预算定额消耗量指标的确定 5
- 第三节 安装工程预算定额单价的确定 5
- 第四节 安装工程预算定额基价的确定 9
- 第五节 安装工程预算定额的应用 10
- 思考题 12

第二章 电气安装工程施工图预算 13
- 第一节 费用构成 13
- 第二节 建筑电气安装工程施工图预算的编制 18
- 第三节 建筑电气安装工程量计算 28
- 第四节 建筑电气安装工程施工图预算编制案例 64
- 思考题 82

第三章 水、暖安装工程施工图预算 84
- 第一节 给水排水安装工程量计算 84
- 第二节 采暖供热安装工程量计算 96
- 第三节 水暖安装工程量计算需注意事项 101
- 第四节 给水排水、采暖安装工程施工图预算编制案例 102
- 思考题 113

第四章 通风与空调安装工程施工图预算 114
- 第一节 通风安装工程量计算 114
- 第二节 空调安装工程量计算 122
- 第三节 空调制冷设备安装工程量计算 127
- 第四节 通风、空调、制冷设备安装工程量计算需注意事项 130
- 第五节 通风、空调安装工程施工图预算编制案例 131
- 思考题 135

第五章 刷油、防腐蚀、绝热安装工程施工图预算 137
- 第一节 概述 137
- 第二节 刷油、防腐蚀、绝热工程量计算及定额套用 139
- 思考题 143

第六章 设计概算的编制 144
- 第一节 设计概算的内容与作用 144

第二节 设计概算的编制依据和步骤 …………………………………………… 146
第三节 单位工程概算的编制 ………………………………………………… 147
第四节 单项工程综合概算的编制 …………………………………………… 150
第五节 建设项目总概算的编制 ……………………………………………… 151
思考题 ………………………………………………………………………………… 156
参考文献 ……………………………………………………………………………… 157

第一章　安装工程预算定额

第一节　安装工程预算定额概述

一、建设工程预算定额分类

建设工程预算定额是经过国家授权机构组织编制、颁布实施的具有法律性的工程建设标准。该定额可按照生产要素、编制程序和建设用途、费用性质、专业性质以及管理权限进行分类，如图1-1所示。

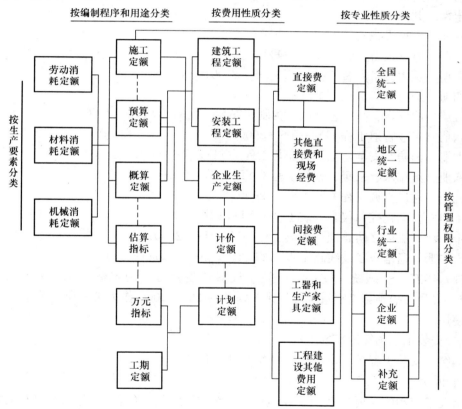

图1-1　建设工程预算定额分类图

按生产要素可分为劳动消耗定额、材料消耗定额和机械台班消耗定额等三种。

按定额的编制程序和用途可分为施工定额、预算定额、概算定额、投资估算指标、万元指标、工期定额等。

按投资的费用性质可分为建筑工程定额、设备安装工程定额、建筑安装工程费用定额（包括直接费、其他直接费、间接费等）、工具器具和生产家具定额以及工程建设其他费用

1

定额等。

按专业性质可分为通用定额（如全国统一安装工程预算定额、地区统一预算定额）、行业通用定额（如各行业统一使用的定额）和专业专用定额等。

按管理权限可分为全国统一定额、行业统一定额、地区统一定额、企业定额和补充定额等。

二、安装工程预算定额

（一）安装工程预算定额的概念

安装工程预算定额指由国家或其授权单位组织编制并颁发执行的具有法律性的数量指标。它反映出国家对完成单位安装产品基本构造要素（即每一单位安装分项工程）所规定的人工、材料和机械台班消耗的数量额度。

（二）全国统一安装工程预算定额的种类

目前，由建设部批准，机械工业部主编，2000年3月17日颁布的《全国统一安装工程预算定额》共分12册：

第一册　机械设备安装工程 GYD-201—2000；

第二册　电气设备安装工程 GYD-202—2000；

第三册　热力设备安装工程 GYD-203—2000；

第四册　炉窑砌筑工程 GYD-204—2000；

第五册　静置设备与工艺金属结构制作安装工程 GYD-205—2000；

第六册　工业管道工程 GYD-206—2000；

第七册　消防及安全防范设备安装工程 GYD-207—2000；

第八册　给排水、采暖、燃气工程 GYD-208—2000；

第九册　通风空调工程 GYD-209—2000；

第十册　自动化控制仪表安装工程 GYD-210—2000；

第十一册　刷油、防腐蚀、绝热工程 GYD-211—2000；

第十二册　通信设备及线路工程 GYD-212—2000（另行颁布）。

此外，还有《全国统一安装工程施工仪器仪表台班费用定额》GFD-201—1999 和《全国统一安装工程预算工程量计算规则》GYD_{GZ}-201—2000 作为第一册～第十一册定额的配套使用。

（三）安装工程预算定额的组成

全国统一安装工程预算定额通常由以下内容组成：

1. 册说明

介绍关于定额的主要内容、适用范围、编制依据、适用条件、工作内容以及工料、机械台班消耗量和相应预算价格的确定方法、确定依据等。

2. 目录

目录是为查、套定额提供索引。

3. 各章说明

介绍本章定额的适用范围、内容、计算规则以及有关定额系数的规定等。

4. 定额项目表

它是每册安装定额的核心内容。其中包括：分节工作内容、各分项定额的人工、材料和机械台班消耗量指标以及定额基价、未计价材料等内容。

5. 附录

一般置于各册定额表的后面，其内容主要有材料、元件等重量表、配合比表、损耗率表以及选用的一些价格表等。

（四）安装工程预算定额编制原则

为了确保定额的质量，发挥其作用，在编制工作中应遵循如下原则：

1. 社会平均水平确定预算定额水平的原则

由于预算定额是确定和控制建筑安装工程造价的主要依据，因此，它必须遵循价值规律的客观要求，即按照生产过程中所消耗的社会必要劳动时间来确定定额水平。换言之，是在现有的社会正常生产条件下，在社会平均的劳动熟练程度和劳动强度下创造某种使用价值所必须的劳动时间来确定定额水平。所以，安装工程预算定额的水平是在正常的施工条件下，合理组织施工，在平均劳动熟练程度和劳动强度下，完成单位分项工程基本构造要素所需的劳动时间。

预算定额水平是以施工定额水平为基础。预算定额反映的是社会平均水平，施工定额反映的是社会平均先进水平，所以，预算定额水平要低于施工定额水平。

2. 简明适用原则

这是从执行预算定额的可操作性考虑，在编制定额时，通常采用"细算粗编"的方法，从而减少定额的换算，少留定额"活口"，即简明、适用的原则。

3. 坚持统一性和差别性相结合原则

所谓统一性，是从全国统一市场规范计价行为出发，计价定额的制定规划和组织实施由国务院建设行政主管部门归口，并负责全国统一定额制定或修订，颁发有关工程造价管理的规章制度办法等，从而利于通过定额和工程造价管理实现建筑安装工程价格的宏观调控。通过编制全国统一定额，使建筑安装工程具有一个统一的计价依据，同时可使考核设计和施工的经济效果具有一个统一的尺度。

所谓差别性，是在统一性基础上，各部门和省、自治区、直辖市主管部门根据部门和地区的具体情况，制定部门和地区性定额、补充性制度和管理办法。

（五）预算定额的编制方法

编制预算定额的方法主要有：调查研究法、统计分析法、技术测定法、计算分析法等。如采用计算分析法编制预算定额的具体步骤为：

1. 根据安装工程（电气、管道）施工及验收规范、技术操作规程、施工组织设计和正确的施工方法等，确定定额项目的施工方法、质量标准和安全措施。依据编制定额方案规定的范围、内容，对定额项目（子目）进行工序的划分。

2. 制定材料、成品、半成品施工操作中的损耗率表。

3. 选择有代表性的施工图纸，计算各工序的工程量，并确定定额综合内容以及所包括的工序含量和比重。

4. 根据定额的工作内容及建筑安装工程统一劳动定额，计算完成某一工程项目的人工和施工机械台班用量。采用理论计算法，计算材料、成品、半成品消耗用量，从而确定完成定额规定计量单位所需要的人工、材料、机械台班消耗量指标。

（六）预算定额的作用

1. 预算定额是编制施工图预算。确定和控制建筑安装工程造价的基础。施工图预算是施工图设计文件之一，是控制和确定建筑安装工程造价的必要手段；同时，预算定额对建筑安装工程直接费影响颇大，依据预算定额编制施工图预算，对于确定建筑安装工程费用起着非常重要的作用。

2. 预算定额是对设计方案进行技术经济比较、技术经济分析的依据。设计方案在设计工作中居核心地位，并且，方案的选择需要满足功能、符合设计规范。要求技术先进、经济合理，需要采用预算定额对方案进行多方面的技术经济比较，对工程造价产生的影响，从技术和经济相结合的角度考虑方案采用后的可能性和经济效益。

3. 预算定额是施工企业进行经济活动分析的依据。企业实行经济核算的最终目的，是采用经济的手段促使企业在保证质量和工期的前提下，使用较少的劳动消耗获取最大的经济效果。因此，企业必须以预算定额作为衡量企业工作的重要标准。从而提高企业的市场竞争能力。

4. 预算定额是编制标底、投标报价的基础。这是在市场经济体制下，预算定额作为编制标底的依据和施工企业报价的基础性作用所决定，亦是由其自身的科学性和权威性决定的。

5. 预算定额是编制概算定额和概算指标的基础。概算定额和概算指标是在预算定额基础上经过综合、扩大编制而成。

（七）预算定额的特点

1. 科学性

预算定额的科学性有两重含义，其一，指定额与生产力发展水平相适应，反映了工程建设中生产消耗的客观规律；其二，指定额管理在理论、方法和手段上适应现代科学技术和信息社会发展的需要。定额是尊重客观实际、适应市场运行机制的需要而制定的。

2. 系统性

预算定额具有相对的独立性，拥有鲜明的层次性和明确的目标。这是由工程建设的特点所决定的。根据系统论的观点，工程建设是庞大的实体系统，而预算定额正是服务于该实体的。

3. 统一性

预算定额的统一性，是由国家经济发展的有计划宏观调控职能所决定的。在工程建设全过程中，采用统一的标准，对工程建设实行规划、组织、调节和控制，有利于项目决策、方案的比选和成本控制等工作的进行。

4. 权威性

预算定额拥有很大权威性，并且在一定条件下具有经济法规的性质。这种权威性反映统一的意志和要求，同时，亦反映了信赖的程度和定额的严肃性。

5. 稳定性和时效性

预算定额的相对稳定性和时效性，表现在定额从颁布使用到结束历史使命，通常维持在5～10年的时期内。

第二节 安装工程预算定额消耗量指标的确定

一、定额人工消耗量指标的确定

安装工程预算定额人工消耗量指标,是在劳动定额基础上确定的完成单位分项工程必须消耗的劳动量。其表达式如下:

$$\begin{aligned}
\text{分项工程人工消耗量} &= \text{基本用工} + \text{其他用工} \\
&= (\text{技工用工} + \text{辅助用工} + \text{超运距用工}) \\
&\quad \times (1 + \text{人工幅度差率})
\end{aligned} \tag{1-1}$$

式中,技工指某分项工程的主要用工;辅助用工指现场材料加工等用工;超运距用工指材料运输中,超过劳动定额规定距离外增加的用工;人工幅度差率指预算定额所考虑的工作场地的转移、工序交叉、机械转移以及零星工程等用工。国家规定人工幅度差率在10%左右。

二、定额材料消耗量指标的确定

安装工程施工,进行设备安装时要消耗材料,有些安装工程就是由施工加工的材料组装而成。构成安装工程主体的材料称为主要材料,其次要材料则称为辅助材料(或计价材料)。完成定额分项工程必须消耗的材料可以按下述方法计算:

$$\begin{aligned}
\text{分项定额材料消耗量} &= \text{材料净用量} + \text{损耗量} \\
&= \text{材料净用量} \times (1 + \text{损耗率}) \\
&= \text{材料净用量} \times \text{损耗系数}
\end{aligned} \tag{1-2}$$

式中

$$\text{损耗率} = \frac{\text{材料损耗量}}{\text{定额净用量}} \times 100\% \tag{1-3}$$

$$\text{损耗系数} = \frac{1}{1 - \text{损耗率}} \tag{1-4}$$

材料净用量是构成工程实体必须占用的材料,而损耗量则包括施工操作、场内运输、场内堆放等材料损耗量。

三、定额机械台班消耗量的确定

安装工程定额中的机械费通常为配备在作业小组中的中、小型机械,与工人小组产量密切相关,可按下式确定,不考虑机械幅度差。

$$\text{机械台班消耗量} = \frac{\text{分项定额计量单位值}}{\text{小组总产量}} \tag{1-5}$$

第三节 安装工程预算定额单价的确定

一、定额日工资单价的确定

(一)日工资单价的组成和内容

定额日工资单价指一个建筑安装工人一个工作日在预算中应计入的全部人工费用。它基本反映了建筑安装工人的工资水平和一个工人在一个工作日中可获得的报酬。按照现行规定,其内容组成大致有以下几种:

1. 基本工资：指发放给生产工人的基本工资。
2. 工资性补贴：指按照规定标准发放的物价补贴，煤、燃气补贴，交通补贴，住房补贴，流动施工津贴等。
3. 生产工人辅助工资：指生产工人年有效施工天数以外非作业天数的工资，包括职工学习、培训期间的工资，调动工作、探亲、休假期间的工资，因气候影响的停工工资，女工哺乳时间的工资，病假在六个月以内的工资以及产、婚、丧假期的工资。
4. 职工福利费：指按照规定标准计提的职工福利费。
5. 生产工人劳动保护费：指按照规定标准发放的劳动保护用品的购置费以及修理费，徒工服装补贴，防暑降温费，在有碍身体健康环境中施工的保健费用等。

（二）日工资单价的确定方法

$$日工资单价(G) = \sum_{i=1}^{5} G_i \tag{1-6}$$

$$基本工资(G_1) = \frac{生产工人平均月工资}{年平均每月法定工作日} \tag{1-7}$$

$$工资性补贴(G_2) = \frac{\Sigma 年发放标准}{全年日历日 - 法定假日} + \frac{\Sigma 月发放标准}{年平均每月法定工作日} + 每工作日发放标准 \tag{1-8}$$

$$生产工人辅助工资(G_3) = \frac{全年无效工作日 \times (G_1 + G_2)}{全年日历日 - 法定假日} \tag{1-9}$$

$$职工福利费(G_4) = (G_1 + G_2 + G_3) \times 福利费计提比例(\%) \tag{1-10}$$

$$生产工人劳动保护费(G_5) = \frac{生产工人年平均支出劳动保护费}{全年日历日 - 法定假日} \tag{1-11}$$

$$人工费 = \Sigma(工日消耗量 \times 日工资单价) \tag{1-12}$$

二、定额材料预算价格的确定

（一）概念

材料预算价格是指材料由发货地运至现场仓库或堆放场地后的出库价格。材料从采购、运输到保管，在使用前所发生的全部费用构成了材料预算价格。其表达式如下：

$$材料预算价格 = \Sigma(材料消耗量 \times 材料基价) + 检验试验费 \tag{1-13}$$

1. 材料基价

$$材料基价 = [(供应价格 + 运杂费) \times (1 + 运输损耗率(\%))] \times (1 + 采购保管费率(\%)) \tag{1-14}$$

2. 检验试验费

$$检验试验费 = \Sigma(单位材料量检验试验费 \times 材料消耗量) \tag{1-15}$$

（二）价格组成及确定方法

1. 供应价

材料供应价是材料的进价，通常包括货价和供销部门手续费两部分。这是材料预算价格构成中最主要的因素。供应价的确定方法如下：

（1）原价的确定：原价是根据材料的出厂价、进口材料货价或市场批发价等确定。同种材料由于出产地、供货渠道不一样，会出现几种原价，其综合原价可按照供应量的比例，加权平均计算。

(2) 供销部门手续费的确定：根据国家现行的物资供应体制不能直接向生产单位采购订货，需要经过当地物资部门（如材料公司、金属公司等）供应时发生的经营管理费用。

2. 运杂费

运杂费是指由产地或交货地点运至现场仓库，所发生的车、船费用等之总和。

(1) 材料运输流程图如图 1-2 所示。

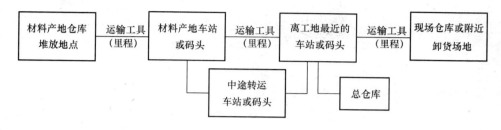

图 1-2 材料运输流程图

(2) 计算表达式：

运杂费＝运输费＋调车(船)费＋装卸费＋附加工作费＋保险费＋囤存费＋运输损耗费

(1-16)

(3) 运费标准依据，铁路按铁道部门规定，水运按海港局或港务局的规定，公路按各省、市运输公司规定执行。

(4) 运费计算方法。

1) 直接计算法：如三材、安装工程的主材可按重量直接计算运费。

2) 间接计算法：对一般材料采用测定一个运费系数来计算运费。

3) 平均计算法：这是对材料因多个地点交货、多种工具运输、而一个地区又是多个施工地点使用的情况，故一个地区的材料运杂费必须采用加权平均的方法计算。其计算表达式为：

$$C = \frac{T_1 Q_1 + T_2 Q_2 + \cdots + T_n Q_n}{Q_1 + Q_2 + \cdots + Q_n} \quad (1\text{-}17)$$

式中　　C——加权平均运费；

T_1、$T_2 \cdots T_n$——各点运费；

Q_1、$Q_2 \cdots Q_n$——各点至供应点的材料供应数量。

【例 1-1】　甲、乙、丙分别为铁路运输钢材，运至工地采用汽车。运距、运价和供货比重如图 1-3 所示，求钢材每吨运价？

【解】　$C = \dfrac{12.30 \times 25\% + 8.07 \times 40\% + 28.78 \times 35\%}{100\%} + 6 = 22.38$ 元/t

同理，平均运距

$$S = \frac{S_1 Q_1 + S_2 Q_2 + \cdots + S_n Q_n}{Q_1 + Q_2 + \cdots + Q_n} \quad (1\text{-}18)$$

式中　　S——加权平均运距；

S_1、$S_2 \cdots S_n$——材料至中心点的运距；

Q_1、$Q_2 \cdots Q_n$——各货源点至用料点的使用量占某材料比重。

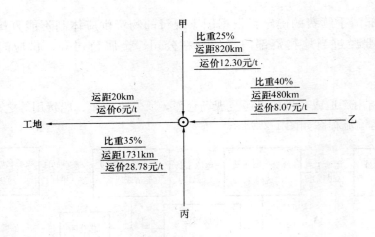

图 1-3 例题 1-1 用图

【例 1-2】 如图 1-3 求加权平均运距？

【解】 $S=\dfrac{820\times25\%+480\times40\%+1731\times35\%}{100\%}+20=1022.85\text{km}$

【例 1-3】 某省内汽车运输水泥为 0.22 元/(t·km)，求平均运距水泥每吨运价，如图 1-4 所示。

【解】 $S=\dfrac{156\times40\%+157\times35\%+504\times25\%}{100\%}=243.35\text{km}$

$C=243.35\times0.22=53.54\ 元/t$

(5) 运输损耗费的确定

材料运输损耗费＝(材料原价＋装卸费＋运输费)×运输损耗率　　(1-19)

3. 采购及保管费

采购及保管费指在组织材料供应中发生的采购和保管库存损耗等费用。其内容包括工地仓库以及材料管理人员采购、运输、保管、公务等人员的工资和辅助工资。还有职工福利费、办公费、差旅和交通费、固定资产使用费、工具用具使用费、劳动保护费、检验试验费以及材料存储损耗等。其计算公式为：

材料及采购保管费＝(原价＋运杂费)×采购保管费率　　(1-20)

采购保管费率通常规定为 2.2%～3%。

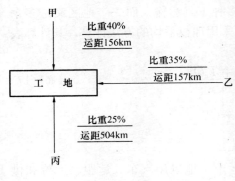

图 1-4 例题 1-3 用图

三、定额施工机械台班单价的确定

定额机械台班单价指一台施工机械，在正常运转条件下一个工作班总共所发生的全部费用。它包括 7 项内容：

1. **折旧费**：是指施工机械在规定使用年限内，陆续收回其原值以及购置资金的时间价值。

2. **大修理费**：是指施工机械按规定的大修间隔台班进行必须的大修，用以恢复其正常功能所需要的全部费用。

3. **经常修理费**：是指施工机械除大修理以外的各级保养和临时故障排除所需的费用。包括为保障机械正常运转所需替换设备与随机配备工具附具的摊销和维护费用，机械运转中日常保养所需润滑与擦拭的材料费用以及机械停滞期间的维护和保养费用等。

4. **安拆费及场外运费**：

（1）安拆费：指机械在施工现场进行安装、拆卸所需人工、材料、机械和试运转费用，包括机械辅助设施（基础、底座、固定锚桩、行走轨道、枕木等）的折旧、搭设、拆除等费用。

（2）场外运输：是指施工机械整体或分体自停置地点运到现场或从某一工地运至另一施工地点的运输、装卸、辅助材料以及架线等费用。

5. **人工费**：是指机上司机（司炉）和其他操作人员的工作日人工费及上述人员在施工机械规定的年工作台班以外的人工费。

6. **燃料动力费**：是指机械在运转作业中所消耗的固体燃料（煤炭、木材）、液体燃料（汽油、柴油）及水、电等费用。

7. **养路费及车船使用税**：是指施工机械按照国家和有关部门规定应交纳的养路费、车船使用税、保险费及年检费等。

上述费用中，折旧费、大修理费、经常修理费、安拆及场外运输费，是属于分摊性质的费用，称为第一类费用，亦称不变费用。而燃料动力费、人工费、养路费以及车船使用税属于支出性质的费用，称为第二类费用。

此外，在机械台班单价的测算中，其影响因素有机械价格、使用年限、使用效率以及政府税费政策等。

第四节 安装工程预算定额基价的确定

一、预算定额基价

预算定额基价指预算定额中确定消耗在工程基本构造要素上的人工、材料、机械台班消耗量，在定额中以价值形式反映，其组成有三部分，即：

（一）定额人工费

定额人工费指直接从事建筑安装工程施工的生产工人开支的各项费用（含生产工人的基本工资、工资性补贴、辅助工资、职工福利费以及劳动保护费）。表达式为：

$$\text{定额人工费} = \text{分项工程消耗的工日总数} \times \text{相应等级日工资标准} \quad (1-21)$$

日工资标准应根据目前《全国统一建筑工程基础定额》中规定的完成单位合格的分项工程或结构构件所需消耗的各工种人工工日数量乘以相应的人工工资标准确定。但在具体执行中要注意地方规定，尤其是地区调整系数的处理。

（二）定额材料费

定额材料费指施工过程中耗用的构成工程实体的原材料、辅助材料、构配件、零件、半成品的费用和周转材料的摊销费，按相应的价格计算的费用之和。

安装工程材料分计价材料和未计价材料，定额材料费表达式如下：

$$\text{定额材料费} = \text{计价材料费} + \text{未计价材料费} \quad (1-22)$$

式中

$$\text{计价材料费} = \text{分项项目材料消耗量} \times \text{相应材料预算价格} \qquad (1\text{-}23)$$

$$\text{未计价材料费} = \text{分项项目未计价材料消耗量} \times \text{材料预算价格} \qquad (1\text{-}24)$$

（三）定额机械台班费

定额机械台班费指使用施工机械作业所发生的机械使用费以及机械安、拆和进出场费用。其表达式为：

$$\text{定额机械台班费} = \Sigma \text{分项项目机械台班消耗量} \times \text{相应机械台班单价} \qquad (1\text{-}25)$$

所以，安装工程预算定额基价的表达式为：

$$\text{预算定额基价} = \text{人工费} + \text{材料费} + \text{机械台班费} \qquad (1\text{-}26)$$

二、单位估价表

执行预算定额地区，根据定额中三个消耗量（人工、材料、机械台班）标准与本地区相应三个单价相乘计算得到分项工程（子目工程），预算价格称为"估价表单价"或工程预算"单价"。若将以上单价、基价等列入定额项目表中，并且汇总、分类成册，即为单位估价表。

预算定额与单位估价表的关系是，前者为确定三个消耗量的数量标准，是执行定额地区编制单位估价表的依据，后者则是"量、价"结合的产物。

第五节 安装工程预算定额的应用

一、材料与设备的划分

安装工程材料与设备界线的划分，目前国家尚未正式规定，通常凡是经过加工制造，由多种材料和部件按各自用途组成独特结构，具有功能、容量及能量传递或转换性能的机器、容器和其他机械、成套装置等均称为设备。但在工艺生产过程中不起单元工艺生产作用的设备本体以外的零配件、附件、成品、半成品等均称为材料。

二、计价材料和未计价材料的区别

计价材料是指编制定额时，把所消耗的辅助性或次要材料费用，计入定额基价中，主要材料是指构成工程实体的材料，又称为未计价材料，该材料规定了其名称、规格、品种及消耗数量，它的价值是根据本地区定额，按地区材料预算单价（即材料预算价格）计算后汇总在工料分析表中。计算方法为：

$$\text{某项未计价材料数量} = \text{工程量} \times \text{某项未计价材料定额消耗量} \qquad (1\text{-}27)$$

未计价材料定额消耗量通常列在相应定额项目表中。而未计价材料费用的计算式为：

$$\text{某项未计价材料费} = \text{工程量} \times \text{某项未计价材料定额消耗量} \times \text{材料预算价格} \qquad (1\text{-}28)$$

三、运用系数计算的费用

预算造价计价表或计费程序表中某些费用，要经过定额规定的系数来计算。有些系数在费用定额中不便列出，而是通过在原定额基础上乘以一个规定系数计算，计算后属于直接费系数的有章节系数、子目系数、综合系数三种。

（一）章节系数

有些子目（分项工程项目）需要经过调整，方能符合定额要求。其方法是在原子目基础上乘以一个系数即可。该系数通常放在各章说明中，称为章、节系数。

（二）子目系数

子目系数是费用计算中最基本的系数，又是综合系数的计算基础，也构成工程直接费，子目系数由于工程类别不同，各自的要求亦不同，列在各册说明中。如高层建筑工程增加系数、单层房屋工程超高增加系数以及施工操作超高增加系数等。计取方法可按地方规定执行。

（三）综合系数

它是列入各册说明或总说明内，通常出现在计费程序表中，如脚手架搭拆系数、采暖工程中的系统调试计算系数、安装与生产同时进行时的降效增加系数、在有害健康环境中施工时要收取的降效增加系数以及在特殊地区施工中应收取的施工增加系数等。

四、安装工程预算定额表的查阅

预算定额表的查阅，就是指定额的使用方法，即熟练套用定额。其步骤为：

1. 确定工程名称，要与定额中各章、节工程名称相一致。

2. 根据分项工程名称、规格，从定额项目表中确定定额编号。

3. 按照所查定额编号，找出相应工程项目单位产品的人工费、材料费、机械台班费和未计价材料数量。

在查阅定额时，应注意除了定额可直接套用外，定额的使用中，还存在定额的换算问题。安装工程中如出现换算定额时，一般有定额的人工、材料、机械台班及其费用的换算。多数情况下，采用乘以一个系数的办法解决。但各地区可根据具体情况酌情处理。

4. 将套用的单位产品的人工费、材料费、机械台班费、未计价材料数量和定额编号，按照施工图预算表的格式及要求，填写清楚。

至于定额中查阅不到的项目，业主和施工方可根据工艺和图纸的要求，编制补充定额，双方必须经当地造价部门仲裁后方可执行。

五、定额各册（地方定额为篇）的联系和交叉性

（一）第二册（篇）没有的项目应执行其他册（篇）定额

1. 金属支架除锈、刷油、防腐执行第十一册（篇）《刷油、防腐蚀、绝热工程》中第一章、第二章、第三章定额有关子目。

2. 火灾自动报警系统中的探测器、报警控制器、联动控制器、报警联动一体机、重复显示器、警报装置、远程控制器、火灾事故广播、消防通信、报警备用电源安装等执行第七册（篇）《消防及安全防范设备安装工程》中第一章定额有关子目。水灭火系统、气体灭火系统和泡沫灭火系统分别执行第七册（篇）第二章、第三章、第四章相应子目。自动报警系统装置、水灭火系统控制装置、火灾事故广播、消防通信等系统调试可套用第七册（篇）第五章定额相应子目。

3. 设备安装用的地脚螺栓按土建预埋考虑，不包括二次灌浆。

（二）第二册（篇）与其他册（篇）定额的分界

1. 与第一册（篇）"机械设备"定额的分界

（1）各种电梯的机械设备部分主要指：轿箱、配重、厅门、导向轨道、牵引电机、钢绳、滑轮、各种机械底座和支架等，均执行第一册（篇）有关子目。而电气设备安装主要指：线槽、配管配线、电缆敷设、电机检查接线、照明装置、风扇和控制信号装置的安装和调试，这些均执行第二册（篇）《电气设备安装工程》定额。

(2) 起重运输设备的轨道、设备本体安装、各种金属加工机床等的安装均执行第一册（篇）《机械设备安装工程》定额有关子目。而其中的电气盘箱、开关控制设备、配管配线、照明装置以及电气调试执行第二册（篇）定额相应子目。

(3) 电机安装执行第一册（篇）定额有关子目，电机检查接线则执行第二册（篇）定额相应子目。

2. 与第六册（篇）"工艺管道"定额的分界

大型水冷变压器的水冷系统，以冷却器进出口的第一个法兰盘划界。法兰盘开始的一次阀门以及供水母管与回水管的安装执行第六册（篇）《工业管道工程》定额有关子目。而工业管道中的电控阀、电磁阀等执行第六册（篇）定额，至于其电机检查接线、调试等项目，分别执行第二册、第七册以及第十册定额相应子目。

(三) 注意定额各册（篇）之间的关系

在编制单位工程施工图预算中，除需要使用本专业定额及有关资料外，还涉及其他专业定额的套用。而具体应用中，有时不同册（篇）定额所规定的费用等计算有所不同时，应该如何解决这一类问题呢？原则上按各定额册（篇）规定的计算规则计算工程量及有关费用，并且套用相应定额子目。如果定额各册（篇）规定不一样，此时要分清工程主次。采用"以主代次"的原则计算有关费用。比如主体工程使用的是第二册（篇）《电气设备安装工程》定额，而电气工程中支架的除锈、刷油等工程量需要套用第十一册（篇）《刷油、防腐蚀、绝热工程》中的相应子目，所以只能按第二册（篇）定额规定计算有关费用。

思 考 题

1. 工程建设定额分哪五类？
2. 什么是安装工程预算定额？
3. 预算定额的编制方法有哪些？
4. 预算定额的作用有哪些？
5. 预算定额的特点有哪些？
6. 定额中人工、材料、机械台班消耗量指标是怎样确定的？
7. 定额中日工资单价、材料预算价格和机械台班单价是怎样确定的？
8. 什么是预算定额基价？
9. 简述预算定额和单位估价表之间的关系。
10. 简述预算定额基价的组成？
11. 什么是计价材料？什么是未计价材料？
12. 简述章节系数、子目系数、综合系数的含义和应用方法？
13. 简述在市场经济条件下，对定额实行"量"、"价"分离的必要性？
14. 我国工程造价改革中曾一度采取"控制量、指导价、竞争费"的原则，其"控制量"的"量"指的是什么量？其意义何在？
15. 《建设工程工程量清单计价规范》GB 50500—2003 颁布后，计价模式是否应否定定额计价的作用？

第二章 电气安装工程施工图预算

第一节 费用构成

一、建筑安装工程费用

(一) 建筑工程造价的内容

(1) 各类房屋建筑工程和列入房屋建筑工程预算的供水、供电、供暖、卫生、通风、燃气等设备费用及其装设、油饰工程的费用，列入建筑工程预算的各种管道、电力、电信和电缆导线敷设工程的费用。

(2) 设备基础、支柱、工作台、烟囱、水塔、水池、灰塔等建筑工程以及各种窑炉的砌筑工程和金属结构工程的费用。

(3) 为施工而进行的场地平整、工程和水文地质勘察、原有建筑物和障碍物的拆除以及施工临时用水、电、气、路和完工后的场地清理、环境绿化、美化等工程的费用。

(4) 矿井开凿、井巷延伸、露天矿剥离、石油、天然气钻井、修建铁路、公路、桥梁、水库、堤坝、灌渠以及防洪等工程的费用。

(二) 安装工程造价的内容

(1) 生产、动力、起重、运输、传动和医疗、实验等各种需要安装的机械设备的装配费用，与设备相连的工作台、梯子、栏杆等装设工程，附属于被安装设备的管线敷设工程，被安装设备的绝缘、防腐、保温、油漆等工程的材料费和安装费。

(2) 为测定安装工程质量，对单个设备进行单机试运行，对系统设备进行系统联动无负荷试运转工程的调试费。

关于建筑工程造价和安装工程造价的确定，国家有相应的基础定额或预算定额，以及与其相配套的工程量计算规则。在计算工程造价时，各类工程费用的确定，应执行当地有关定额的规定。当定额缺项时，应按照定额编制的方法编制补充定额。

我国现行安装工程造价的构成如表 2-1 所示。

我国现行安装工程造价的构成　　　　表 2-1

	费用项目		参考计算方法
直接费	直接工程费	人工费	∑（人工工日概预算定额×日工资单价×实物工程量）
		材料费	∑（材料概预算定额）×材料预算价格×实物工程量
		机械费	∑（机械预算定额×机械台班预算单价×实物工程量）
	措施费	环境保护费 文明施工费 安全施工费 临时设施费 夜间施工费 二次搬运费	通用措施费项目的计算方法 建标 [2003] 206 号文

续表

	费用项目		参考计算方法
直接费一	措施费	大型机械设备进出场及安拆费 混凝土、钢筋混凝土模板及支架费 脚手架费 已完工程及设备保护费 施工排水、降水费	通用措施费项目的计算方法 建标〔2003〕206号文
间接费二		规费 企业管理费	安装工程：人工费×相应费率
三		利润	安装工程：人工费×相应利润率
四		税金（含营业税、城市维护建设税、教育费附加）	安装工程：（税前造价+利润）×税率

按表2-1的规定，建筑安装工程造价由直接费、间接费、利润和税金组成。

二、直接费

建筑安装工程直接费由直接工程费和措施费组成。

（一）直接工程费

直接工程费指施工过程中直接耗费的构成工程实体，有助于工程形成的各项费用。包括人工费、材料费和施工机械使用费。

（1）人工费：指直接从事建筑安装工程施工的生产工人开支的各项费用。

（2）材料费：是指施工过程中耗费的构成工程实体的原材料、辅助材料、构配件、零件、半成品的费用。内容包括：材料原价（或供应价）、材料运杂费、运输损耗费、采购及保管费、检验试验费等五项。其计算公式为：

$$材料费 = \sum(材料消耗量 \times 材料基价) + 检验试验费 \tag{2-1}$$

1）材料基价：

$$材料基价 = [(供应价格+运杂费) \times (1+运输损耗率(\%))] \times (1+采购保管费率(\%)) \tag{2-2}$$

2）检验试验费：

$$检验试验费 = \sum(单位材料量检验试验费 \times 材料消耗量) \tag{2-3}$$

（3）施工机械使用费：指施工机械作业所发生的机械使用费以及机械安拆费和场外运费。

$$施工机械使用费 = \sum(施工机械台班消耗量 \times 机械台班单价) \tag{2-4}$$

机械台班单价：

$$台班单价 = 台班折旧费+台班大修费+台班经常修理费+台班安拆费及场外运费$$
$$+台班人工费+台班燃料动力费+台班养路费及车船使用税 \tag{2-5}$$

（二）措施费

措施费是指为完成工程项目施工，发生在该工程施工前和施工过程中非工程实体项目的费用。此处只列通用措施费项目的计算方法，各专业工程的专用措施费项目的计算方法由各地区或国务院有关专业主管部门的工程造价管理机构自行制定。其内容如下：

（1）环境保护费：指施工现场为达到环保部门要求所需要的各项费用。

$$环境保护费 = 直接工程费 \times 环境保护费费率（\%） \tag{2-6}$$

$$环境保护费费率（\%） = \frac{本项费用年度平均支出}{全年建安产值 \times 直接工程费占总造价比例（\%）} \tag{2-7}$$

（2）文明施工费：指施工现场安全施工所需要的各项费用。

$$文明施工费 = 直接工程费 \times 文明施工费费率（\%） \tag{2-8}$$

$$文明施工费费率（\%） = \frac{本项费用年度平均支出}{全年建安产值 \times 直接工程费占总造价比例（\%）} \tag{2-9}$$

（3）安全施工费：指施工现场安全施工所需要的各项费用。

$$安全施工费 = 直接工程费 \times 安全施工费费率（\%） \tag{2-10}$$

$$安全施工费费率（\%） = \frac{本项费用年度平均支出}{全年建安产值 \times 直接工程费占总造价比例（\%）} \tag{2-11}$$

（4）临时设施费：指施工企业为进行建筑工程施工所必须搭设的生活和生产用的临时建筑物、构筑物和其他临时设施费用等。包括临时宿舍、文化福利以及公用事业房屋与构筑物、仓库、办公室，加工厂以及规定范围内道路、水、电、管线等临时设施和小型临时设施。其费用包括临时设施的搭设、维修、拆除费或摊销费。具体费用有周转使用临建（如活动房屋）；一次性使用临建（如简易建筑）；其他临时设施（如临时管线）三部分。

$$临时设施费 = （周转使用临建费 + 一次性使用临建费）$$
$$\times （1 + 其他临时设施所占比例（\%）） \tag{2-12}$$

其中：

1）周转使用临建费：

$$周转使用临建费 = \sum \left[\frac{临建面积 \times 每平方米造价}{使用年限 \times 365 \times 利用率（\%）} \times 工期(d)\right] + 一次性拆除费 \tag{2-13}$$

2）一次性使用临建费：

$$一次性使用临建费 = \sum 临建面积 \times 每平方米造价 \times [1 - 残值率（\%）] + 一次性拆除费 \tag{2-14}$$

3）其他临时设施在临时设施费中所占比例，可由各地区造价管理部门依据典型施工企业的成本资料经分析后综合测定。

（5）夜间施工增加费：指因夜间施工所发生的夜间补助费、夜间施工降效、夜间施工照明设备摊销以及照明用电等费用。

$$夜间施工增加费 = \left(1 - \frac{合同工期}{定额工期}\right) \times \frac{直接工程费中的人工费合计}{平均日工资单价} \times 每工日夜间施工费开支 \tag{2-15}$$

（6）二次搬运费：指因施工场地狭小等特殊情况而发生的二次搬运费用。

$$二次搬运费 = 直接工程费 \times 二次搬运费费率（\%） \tag{2-16}$$

$$二次搬运费费率（\%） = \frac{年平均二次搬运费开支额}{全年建安产值 \times 直接工程费占总造价的比例（\%）} \tag{2-17}$$

（7）大型机械进出场及安拆费：指机械整体或分体自停放场地运至施工现场或由一个

施工地点运至另一个施工地点,所发生的机械进出场运输及转移费用及机械在施工现场进行安装、拆卸所需要的人工费、材料费、机械费、试运转费和安装所需的辅助设施的费用。

$$大型机械进出场及安拆费=\frac{一次进出场及安拆费 \times 年平均安拆次数}{年工作台班} \quad (2\text{-}18)$$

(8) 混凝土、钢筋混凝土模板及支架:指混凝土施工过程中需要的各种钢模板、木模板、支架等的支、拆、运输费用及模板、支架的摊销或租赁费用。

1) 模板及支架费＝模板摊销量×模板价格＋支、拆、运输费　　(2-19)

摊销量＝一次使用量×(1＋施工损耗)×[1＋(周转次数－1)×补损率/周转次数
－(1－补损率)50%/周转次数]　　(2-20)

2) 租赁费＝模板使用量×使用日期×租赁价格＋支、拆、运输费　　(2-21)

(9) 脚手架搭拆费:指施工需要的各种脚手架搭、拆、运输费用及脚手架的摊销或租赁费用。

1) 脚手架搭拆费＝脚手架摊销量×脚手架价格＋搭、拆、运输费　　(2-22)

$$脚手架摊销量=\frac{单位一次使用量 \times (1-残值率)}{耐用期/一次使用期} \quad (2\text{-}23)$$

2) 租赁费＝脚手架每日租金×搭设周期＋搭、拆、运输费　　(2-24)

(10) 已完工程及设备保护费:指竣工验收前,对已完工程及设备进行保护所需费用。

已完工程及设备保护费＝成品保护所需机械费＋材料费＋人工费　　(2-25)

(11) 施工排水、降水费:指为确保工程在正常条件下施工,采取各种排水、降水措施所发生的各种费用。

排水降水费＝∑排水降水机械台班费×排水降水周期＋排水降水使用材料费、人工费
　　(2-26)

三、间接费

间接费由规费、企业管理费组成。安装工程间接费的计算基础是人工费。

(一) 规费

规费是指政府和有关权利部门规定必须缴纳的费用。内容有五项:

(1) 工程排污费:指施工现场按规定缴纳的工程排污费。

(2) 工程定额测定费:指按规定支付工程造价管理部门的定额测定费。

(3) 社会保险费,包括以下内容:

1) 养老保险费:指企业按规定标准为职工缴纳的基本养老保险费。

2) 失业保险费:指企业按照国家规定标准为职工缴纳的失业保险费。

3) 医疗保险费:指企业按照规定标准为职工缴纳的基本医疗保险费。

(4) 住房公积金:指企业按照规定标准为职工缴纳的住房公积金。

(5) 危险作业意外伤害保险:指按照建筑法规定,企业为从事危险作业的建筑安装施工人员支付的意外伤害保险费。

规费费率可根据地区典型工程发承包价的分析资料综合取定规费计算中所需数据。可以每万元发承包价中人工费含量和机械费含量;或以人工费占直接费的比例;亦可以每万元发承包价中所含规费缴纳标准的各项基数。

以人工费为计算基础时，规费费率计算公式如下：

$$规费费率（\%）=\frac{\Sigma 规费缴纳标准\times 每万元发承包价计算基数\times 100\%}{每万元发承包价中的人工费含量} \quad (2-27)$$

（二）企业管理费

指建筑安装企业组织施工生产和经营管理所需费用。内容包括：

(1) 管理人员工资：指管理人员的基本工资、工资性补贴、职工福利费、劳动保护费等。

(2) 办公费：指企业管理办公用的文具、纸张、账表、印刷、邮电、书报、会议、水电、烧水和集体取暖（包括现场临时宿舍取暖）用煤等费用。

(3) 差旅交通费：指职工因公出差、调动工作的差旅费、住勤补助费，市内交通费和误餐补助费，职工探亲路费，劳动力招募费，职工离退休、退职一次性路费，工伤人员就医路费，工地转移费以及管理部门使用的交通工具的油料、燃料、养路费及牌照费。

(4) 固定资产使用费：指管理和试验部门及附属生产单位使用的属于固定资产的房屋、设备仪器等的折旧、大修、维修或租赁费。

(5) 工具用具使用费：指管理使用的不属于固定资产的生产工具、器具、家具、交通工具和检验、试验、测绘、消防用具等的购置、维修和摊销费。

(6) 劳动保护费：指由企业支付离退休职工的易地安家补助费、职工退休金、六个月以上的病假人员工资、职工死亡丧葬补助费、抚恤费、按规定支付给离休干部的各项经费。

(7) 工会经费：指企业按照职工工资总额计提的工会经费。

(8) 职工教育经费：指企业为职工学习先进技术和提高文化水平，按照职工工资总额计提的费用。

(9) 财产保险费：指施工管理用财产、车辆保险。

(10) 财务费：指企业为筹集资金而发生的各种费用。

(11) 税金：指企业按照规定缴纳的房产税、车船使用税、土地使用税、印花税等。

(12) 其他：包括技术转让费、技术开发费、业务招待费、绿化费、广告费、公证费、法律顾问费、审计费、咨询费等。

以人工费为计算基础时，企业管理费费率计算公式如下：

$$企业管理费费率（\%）=\frac{生产工人年平均管理费}{年有效施工天数\times 人工单价}\times 100\% \quad (2-28)$$

$$间接费=人工费合计\times 间接费费率（\%） \quad (2-29)$$

$$间接费费率（\%）=规费费率（\%）+企业管理费费率（\%） \quad (2-30)$$

四、利润

指施工企业完成所承包工程获得的盈利。利润计算公式见建筑安装工程计价程序表2-7～表2-12。

五、税金

指国家税法规定的应计入建筑安装工程造价内的营业税、城市维护建设税以及教育费附加等。

税金计算公式如下：

$$税金 = (税前造价 + 利润) \times 税率(\%) \tag{2-31}$$

当纳税地点在市区的企业：

$$税率(\%) = \frac{1}{1 - 3\% - (3\% \times 7\%) - (3\% \times 3\%)} - 1 \tag{2-32}$$

当纳税地点在县城、镇的企业：

$$税率(\%) = \frac{1}{1 - 3\% - (3\% \times 5\%) - (3\% \times 3\%)} - 1 \tag{2-33}$$

当纳税地点不在市区、县城、镇的企业：

$$税率(\%) = \frac{1}{1 - 3\% - (3\% \times 1\%) - (3\% \times 3\%)} \tag{2-34}$$

第二节　建筑电气安装工程施工图预算的编制

一、施工图预算的概念

施工图预算指以施工图为依据，按照现行预算定额（单位估价表）、费用定额、材料预算价格、地区工资标准以及有关技术、经济文件编制的确定工程造价的文件。

二、施工图预算的作用

在社会主义市场经济条件下，施工图预算的主要作用有：

1. 根据施工图预算调整建设投资

施工图预算根据施工图和现行预算定额等规定编制，确定的工程造价是该单位工程的计划成本，投资方或业主按照施工图预算调整筹集建设资金，并控制资金的合理使用。

2. 根据施工图预算确定招标的标底

对于实行施工招标的工程，施工图预算是编制标底的依据，亦是承包企业投标报价的基础。

3. 根据施工图预算拨付和结算工程价款

业主向银行贷款、银行拨款、业主同承包商签定承包合同，双方进行结算、决算等均依据施工图预算。

4. 根据施工图预算施工企业进行运营和经济核算

施工企业进行施工准备，编制施工计划和建筑安装工作量统计，从而进行技术经济内部核算的主要依据是施工图预算。

三、施工图预算的编制依据

安装工程施工图预算的编制依据主要有：

（1）经会审后的施工图纸（含施工说明书）；

（2）现行《全国统一安装工程预算定额》和配套使用的各省、市、自治区的单位估价表；

（3）地区材料预算价格；

（4）费用定额，亦称为安装工程取费标准；

（5）施工图会审纪要；

（6）工程施工及验收规范；

（7）工程承包合同或协议书；

(8) 施工组织设计或施工方案；
(9) 国家标准图集和有关技术、经济文件、预算工作手册、工具书等。

四、施工图预算编制应具备的条件
(1) 施工图纸已经会审；
(2) 施工组织设计或施工方案已经审批；
(3) 工程承包合同已经签订生效。

五、施工图预算的计算步骤
(1) 熟悉施工图纸（读图）；
(2) 熟悉施工组织设计或施工方案；
(3) 熟悉合同所划分的内容及范围；
(4) 按照施工图纸计算工程量（列项）；
(5) 汇总工程量，然后套用相应定额（填写工、料分析表）；
(6) 计算直接工程费（先在工程量计价表中填写人工费、计价材料费、机械费、未计价材料费等，然后汇总上述四项费用，再在费用计算程序表中计取直接工程费）；
(7) 在费用计算程序表中计算间接费（按照间接费用定额及有关规定）；
(8) 计算利润（按照间接费用定额及工程承包合同约定）；
(9) 计算按规定计取的有关费用；
(10) 计算含税造价；
(11) 计算相关技术、经济指标（如单方造价：元/m²；单方消耗量：钢材 t/m²、水泥 kg/m²、原木 m³/m²）；
(12) 撰写编制说明（内容包括本单位工程施工图预算编制依据、价差的处理、工程和图纸中存在的问题、未尽事宜的解决办法等）；
(13) 对施工图预算书进行校核、审核、审查、签字、盖章。

六、施工图预算书的组成
(1) 封面：见表2-2；
(2) 编制说明：见表2-3；
(3) 费用计算程序表（略）；
(4) 价差调整表（可自行设计）；
(5) 工程计价表（亦称工、料分析表，它是施工图预算表格中的核心内容），见表2-4；
(6) 材料、设备数量汇总表（可自行设计）；
(7) 工程量计算表（它是施工图预算书的最原始数据、基础资料，预算人员要留底，以便备查），见表2-5。

七、安装工程造价计算程序及有关价差的调整
（一）安装工程造价计算程序

安装工程造价计算顺序，我国目前尚未有统一的建筑安装工程造价计算程序，一般都是由各省、市自治区建设主管部门结合本地区情况自行拟定。

1. 费用项目及计算顺序的拟定

各个地区按照国家规定的建筑安装工程费用划分和计算，还要根据本地区具体情况拟定需要计算的费用项目。安装工程费用中的直接工程费、间接费、利润和税金四个部分是

费用计算程序中最基本的组成部分。各地区可结合当地实际情况，在此基础上增加按实计算的费用以及材料价差调整费用等项目。然后根据确定的项目来排列计算顺序。

建设工程造价预（结）算书　　　　　　　表 2-2

建设单位：＿＿＿＿＿　单位工程名称：＿＿＿＿＿　建设地点：＿＿＿＿

施工单位：＿＿＿＿＿　施工单位取费等级：＿＿＿＿　工程类别：＿＿＿＿

工程规模：＿＿＿＿＿　工程造价：＿＿＿＿＿　单位造价：＿＿＿＿

建设（监理）单位：＿＿＿＿＿＿　施工（编制）单位：＿＿＿＿＿＿

技术负责人：＿＿＿＿＿＿　技术负责人：＿＿＿＿＿＿

审核人：＿＿＿＿＿＿　编制人：＿＿＿＿＿＿

资格证章：　　　　　　　　资格证章：

　　　　　　　　　　　　　　　　　　　　　　　　　年　月　日

编 制 说 明　　　　　　　　表 2-3

编制依据	施工图号	
	合　同	
	使用定额	
	材料价格	
	其　他	
说　明		

工 程 计 价 表　　　　　　　　表 2-4

定额编号	项目名称	单位	工程量	计价工程费						未计价材料					
				单位价值			合计价值			名称及规格	单位	定额量	计算数量	单价	合价
				基价	人工费	机械费	合价	人工费	机械费						

工 程 量 计 算 表　　　　　　　　表 2-5

序号	分项工程名称	单位	数量	计算式

安装工程类别划分标准 表2-6

编号	一类	二类	三类
一	1. 切削、锻压、铸造、压缩机设备工程； 2. 电梯设备工程	1. 起重（含轨道）、输送设备工程； 2. 风机、泵设备工程	1. 工业炉设备工程； 2. 煤气发生设备工程
二	1. 变配电装置工程； 2. 电梯电气装置工程； 3. 发电机、电动机、电气装置工程； 4. 全面积的防爆电气工程； 5. 电气调试	1. 动力控制设备、线路工程； 2. 起重设备电气装置工程； 3. 舞台照明控制设备、线路、照明器具工程	1. 防雷、接地装置工程； 2. 照明控制设备、线路、照明器具工程； 3. 10kV以下架空线路及外线电缆工程
三	各类散装锅炉及配套附属辅助设备工程	各类快装锅炉及配套附属、辅助设备工程	
四	1. 各类专业窑炉工程； 2. 含有毒气体的窑炉工程	1. 一般工业窑炉工程； 2. 室内烟、风道砌筑工程	室外烟、风道砌筑工程
五	1. 球形罐组对安装工程； 2. 气柜制作安装工程； 3. 金属油罐制作安装工程； 4. 静置设备制作安装工程； 5. 跨度25m以上桁架制安工程	金属结构制作安装工程，总量5t以上	零星金属结构（支架、梯子、小型平台、栏杆）制作安装工程，总量5t以下
六	1. 中、高压工艺管道工程； 2. 易燃、易爆、有毒、有害介质管道工程	低压工艺管道工程	工业排水管道工程
七	1. 火灾自动报警系统工程； 2. 安全防范设备工程	1. 水灭火系统工程； 2. 气体灭火系统工程； 3. 泡沫灭火系统工程	
八	1. 燃气管道工程； 2. 采暖管道工程	1. 室内给水排水管道工程； 2. 空调循环水管道工程	室外给水排水管道工程
九	1. 净化工程； 2. 恒温恒湿工程； 3. 特殊工程（低温低压）	1. 一类范围的成品管道、部件安装工程； 2. 一般空调工程； 3. 不锈钢风管工程； 4. 工业送、排风工程	1. 二类范围的成品管道、部件安装工程； 2. 民用送、排风工程
十	仪表安装、调试工程	1. 仪表线路、管路工程； 2. 单独仪表安装不调试工程	
十一		单独防腐蚀工程	1. 单独刷油工程； 2. 单独绝热工程
十二	通信设备安装工程	通信线路安装工程	

2. 费用计算基础和费率的拟定

安装工程费用费率的拟定，各地区不尽相同，但多数地区是按照工程的类别规定费用费率。

3. 安装工程类别划分标准

以重庆市为例,安装工程取费是以工程类别为标准的。见表2-6,即为该市安装工程类别划分标准。

4. 安装工程费用标准

建设部206号文颁布后,各地区可依据其精神相应调整费用计算标准。

5. 安装工程造价计算程序。

根据建设部第107号部令《建筑工程施工发包与承包计价管理办法》的规定,发包与承包价的计算方法分为工料单价法和综合单价法。

(1) 工料单价法计价程序。工料单价法是以分部分项工程量乘以单价后的合计为直接工程费,直接工程费以人工、材料、机械的消耗量及其相应价格确定。直接工程费汇总后另加间接费、利润、税金生成工程发承包价,其计算程序分为三种:

1) 以直接费为计算基础时,其工程造价计算程序见表2-7。

工程造价计算程序表　　　　　　　　　　　　　　　　　表2-7

序号	费用项目	计算方法	备注
1	直接工程费	按预算表	
2	措施费	按规定标准计算	
3	小计	1+2	
4	间接费	3×相应费率	
5	利润	(3+4)×相应利润率	
6	合计	3+4+5	
7	含税造价	6×(1+相应税率)	

2) 以人工费和机械费为计算基础时,其工程造价计算程序见表2-8。

工程造价计算程序表　　　　　　　　　　　　　　　　　表2-8

序号	费用项目	计算方法	备注
1	直接工程费	按预算表	
2	其中人工费和机械费	按预算表	
3	措施费	按规定标准计算	
4	其中人工费和机械费	按规定标准计算	
5	小计	1+3	
6	人工费和机械费小计	2*	
7	间接费	6×相应费率	
8	利润	6×相应利润率	
9	合计	5+7+8	
10	含税造价	9×(1+相应税率)	

注:2*为增加调整系数以后的费用。

3) 以人工费为计算基础时,其工程造价计算程序见表2-9。

工程造价计算程序表　　　　　　　　　　　　　　　　　　　　表 2-9

序 号	费用项目	计算方法	备 注
1	直接工程费	按预算表	
2	直接工程费中人工费	按预算表	
3	措施费	按规定标准计算	
4	措施费中人工费	按规定标准计算	
5	小计	1+3	
6	人工费小计	2*	
7	间接费	6×相应费率	
8	利润	6×相应利润率	
9	合计	5+7+8	
10	含税造价	9×(1+相应税率)	

注：2*为增加调整系数以后的费用。

（2）综合单价法计价程序。综合单价法是以分部分项工程单价为全费用单价，全费用单价经综合计算后生成，其内容包括直接工程费、间接费、利润和税金（措施费也可按照此方法生成全费用价格）。

各分项工程量乘以综合单价的合价汇总后，生成工程发承包价。由于各分部分项工程中的人工、材料、机械含量的比例不同，各分项工程可根据其材料占人工费、材料费、机械费合计的比例（以字母"C"代表该项比值），在以下三种计算程序中选择一种计算其综合单价。

1）当 $C>C_0$（C_0 为本地区原费用定额测算所选典型工程材料费占人工费、材料费和机械费合计的比例）时，可采用以人工费、材料费和机械费合计为基数计算该分项的间接费和利润。其工程造价计算程序见表 2-10。

工程造价计算程序表　　　　　　　　　　　　　　　　　　　　表 2-10

序 号	费用项目	计算方法	备 注
1	分项直接工程费	人工费+材料费+机械费	
2	间接费	1×相应费率	
3	利润	(1+2)×相应利润率	
4	合计	1+2+3	
5	含税造价	4×(1+相应税率)	

2）当 $C<C_0$ 值的下限时，可采用以人工费和机械费合计为基数计算该分项的间接费和利润。其工程造价计算程序见表 2-11。

工程造价计算程序表　　　　　　　　　　　　　　　　　　　　表 2-11

序 号	费用项目	计算方法	备 注
1	分项直接工程费	人工费+材料费+机械费	
2	其中人工费和机械费	人工费+机械费	
3	间接费	2×相应费率	
4	利润	2×相应利润率	
5	合计	1+3+4	
6	含税造价	5×(1+相应税率)	

3) 当该分项的直接费仅为人工费,无材料费和机械费费时,可采用以人工费为基数计算该分项的间接费和利润。其工程造价计算程序见表2-12。

工程造价计算程序表　　　　　　　　　　表 2-12

序 号	费用项目	计算方法	备 注
1	分项直接工程费	人工费+材料费+机械费	
2	直接工程费中人工费	人工费	
3	间接费	2×相应费率	
4	利润	2×相应利润率	
5	合计	1+3+4	
6	含税造价	5×(1+相应税率)	

(二)施工图预算有关价差的调整

各地区在执行统一定额基价时,执行地区必然同编制地区产生一个"价差",可经过测算后用"价差"调整处理,从而形成执行地区的预算单价。

1. 人工工资价差的调整

长期以来我国各省、市自治区编制的预算定额或基价表中对日工资单价通常采用工资调整系数进行调整。可由各地区造价部门在某段时期,根据实际情况,经测算后发布执行。其调整公式通常为:

$$日工资单价=基价人工费×人工工资地区调整系数 \qquad (2-35)$$

2. 材料预算单价价差的调整

安装工程在使用材料预算价格时,因材料种类繁多,规格亦复杂,1992年企业转轨,经营机制发生很大变化,实行市场经济对材料价格的影响颇大,故材料调差必须适应形势需要。价差一般分为四种情况。即:

(1). 地区差,反映省与各市、县地区基价的差异,由省、直辖市造价部门测算后公布执行。如成、渝价差。市区内分区价差等一般由本市造价站测算后公布执行。其调整公式为:

$$分区价差额=主材数量×分区价差值×(1+采购保管费率) \qquad (2-36)$$

(2). 时差(时间差),指定额编制的年度与执行的年度,因时间变化,市场价格波动而产生的材料价差。一般由造价站测算调整系数来计算价差。

(3). 制差(制度差),指在现行管理体制,实行双轨制度下,计划价格(预算价格)同市场价格之差。通常由物价局公布调差系数。

(4). 势差,因供求关系引起市场价格波动,从而形成的价差。

上述材料价差对于地方材料或定额中的辅助性材料(计价材料)的调整多数情况下采用综合系数法。故应及时测算出综合系数,以便进行价差的调整。其测算公式一般为:

$$材料综合调差系数=\frac{\sum(某材料地区预算价-基价)}{基价}×比重×100\% \qquad (2-37)$$

$$单位工程计价材料综合调差额=单位工程计价材料费×材料综合调差系数 \qquad (2-38)$$

对工程进度款进行动态结算时,按照国际惯例,亦可采用调值公式法实行合同总价调整价差。并在双方签订工程合同时就加以明确。其调值公式如下:

$$P = P_0(a_0 + a_1 A/A_0 + a_2 B/B_0 + a_3 C/C_0 + a_4 D/D_0 + \cdots) \tag{2-39}$$

式中 P——调值后合同价款或工程实际结算价款；

P_0——合同价款中工程预算进度款；

a_0——固定要素，合同支付中不能调整部分的权重；

a_1、a_2、a_3、a_4…——代表合同价款或工程进度款中分别需要调整的因子（如人工费、钢材费用、水泥费用、未计价材料费用、机械台班费用等）在合同总价中所占的比重，其和 $a_0 + a_1 + a_2 + a_3 + a_4 + \cdots + a_n$ 应为1；

A_0、B_0、C_0、D_0…——投标截止日期前28d与 a_1、a_2、a_3、a_4…相对应的各项费用的基期价格指数或价格；

A、B、C、D…——在工程结算月份（报告期）与 a_1、a_2、a_3、a_4…相对应的各项费用的现行价格指数或价格。

在采用该调值公式进行工程价款价差的调整时，首先需要注意固定要素一般的取值范围为0.15～0.35；其次各部分成本的比重系数，在招标文件中要求承包方在投标中提出，但亦可由发包方（业主）在招标文件中加以规定，由投标人在一定范围内选定。此外还需注意调整有关各项费用要与合同条款规定相一致，以及调整有关费用的时效性。举一例加以说明。

【例】 某市建筑工程，合同规定结算款为100万元，合同原始报价日期为1995年3月，工程于1996年5月建成并交付使用。根据表2-13所列数据，计算工程实际结算款。

【解】 实际结算价款=100(0.15+0.45×110.1/100+0.11×98.0/100.8+0.11×112.9/102.0+0.05×95.5/93.6+0.06×98.9/100.2+0.03×91.1/95.4+0.04×117.9/93.4)=100×1.064=106.4万元

经过调值，1996年5月实际结算的工程价款为106.4万元，比原始合同价多6.4万元。

安装工程中对于主要材料，也就是未计价材料，采取"单项调差法"逐项按实调整价差。即：

工程人工费、材料构成比例以及有关造价指数 表2-13

项 目	人工费	钢材	水泥	集料	一级红砖	砂	木材	不调值费用
比 例	45%	11%	11%	5%	6%	3%	4%	15%
1995年3月指数	100	100.8	102.0	93.6	100.2	95.4	93.4	
1996年5月指数	110.1	98.0	112.9	95.9	98.9	91.1	117.9	

某项材料价差额=某项材料预算总消耗量×（某项材料地区指导价－某项材料定额预算价）

$$\tag{2-40}$$

其中，材料指导价，是指"结算指导价"，通常是当地工程造价部门和物价部门共同测定公布的当时某项材料的市场平均价格。

3. 机械台班单价价差的调整

施工机械台班单价价差的调整，亦是由当地工程造价部门测算出涨跌百分比，并公布执行。其调差额为：

施工机械台班费价差额=单位工程机械台班数量×机械台班预算价格×机械台班调差率

$$\tag{2-41}$$

八、施工图预算的校核与审查

（一）校核与审查的必要性

施工图预算编制之后，要进行认真、细致的校核与审查。从而提高工程预算的准确性，进一步降低工程造价，确保建设投资的合理使用。

(1) 校核与审查施工图预算，有利于控制工程造价，预防预算超概算；

(2) 校核与审查施工图预算，有利于加强固定资产投资管理，节约建设资金；

(3) 校核与审查施工图预算，有利于施工承包合同价的合理确定；

(4) 校核与审查施工图预算，有利于积累和分析各项技术经济资料，通过各项相关指标的比较，找出工作中存在的问题，以便改进。

（二）校核与审查的概念

1. 预算书的校核

"校核"是针对预算书的编制单位而言，当预算书编制完毕，经过认真自审，确定无误，称之为"自校"。自校完成后交本单位负责人或能力较强、经验丰富者查实核对，或两算人员（施工预算和施工图预算）互相核对项目，称之为"校对"。然后交上级主管负责人查核，称之为"审核"。经过这"三关"，可将错误减少到最低限度，达到正确反映工程造价的目的。

2. 预算书的审查

"审查"仍是对预算核实、查证，但却是针对业主或建设银行而言。也称之为"审核"。其目的在于层层把关，避免失误。

（三）审查工作的原则

施工图预算书的审查，是一项政策性、专业性均很强的工作。就预算人员而言，不仅应具备相当的专业技术、经济知识、经验和技能，而且要有良好的职业道德。我国目前审查工作多由业主或建设银行完成，这是计划经济体制下的产物，随着建筑市场的行业管理和我国加入WTO以后，审查工作不仅逐渐走入社会化、专业化、规范化。即由业主与承包方之间的中介机构进行。类似工程预算咨询公司、审计所、监理工程师及工程造价事物所等。还要求我国的预算人员或造价工程师不断适应同国际接轨以后出现的新问题。但无论由谁审查，均应遵守以下原则：

(1) 严格按照国家有关方针、政策、法律规定核查；

(2) 实事求是，公平合理，维护发包方和承包方的合法权益；

(3) 以理服人，大账算清，小账不过分计较，遇事协商解决。

（四）审查工作的要求

(1) 审查工作应由职业道德好、信誉高、业务精、坚持原则的单位和个人主持；

(2) 审查者应根据搜集到的技术、经济文件、资料、数据等做好预期准备工作，以确保时间和效率；

(3) 如为建设银行等审查，发包方和承包方应主动配合审查单位，完成此项工作。审查中，应确定审查重点、难点，逐项核实，减少漏项，以保证终审定案。

（五）审查的主要依据和内容

1. 审查依据

(1) 会审后的施工图纸及说明书；

(2) 预算定额、材料预算价格、有关技术、经济文件；
(3) 承包合同及协议书、招标书、投标书；
(4) 工程量计算规则和定额解释；
(5) 施工组织设计或施工方案。

2. 审查内容

(1) 合同或协议规定的工程范围是否属实；
(2) 工程量计算和定额套用、换算是否准确，计算口径和计量单位是否一致；
(3) 价差调整是否合理；
(4) 取费标准和计费程序、计算方法是否正确；
(5) 取费以外内容，协商价或补充定额是否合理等。

(六) 审查的形式

目前我国预算制度，预算书的审查主要有三种形式：

(1) 单独审查（单审）。适于工程规模不大的工程，可由发包方（业主）或建设银行单独审查，同承包方协商修正，调整定案后即可；

(2) 联合审查（联审）。适于大、中型或重点工程，可由发包方（业主）会同设计方、建行、承包方联合会审。这种形式的审查，对决策性问题可决断，但涉及单位多，需要协调；

(3) 专门审查。即由专门机构，如委托投资评估公司、工程建设监理公司、工程预算咨询公司等机构审查。但上述机构属中介组织，从业人员业务水准较高，委托单位需支付适当的咨询费。

(七) 审查的方法

预算书的审查方法颇多，可根据审查要求程度不同，灵活掌握。常用的方法有重点审查法、全面审查法、指标审查法等方法。

(1) 重点审查法，是指针对预算的重点内容进行审查的方法。所谓重点为：

1) 工程量大或造价高的项目，如安装工程中的设备、主材等可作为重点审查的内容；

2) 需要由补充定额处理的项目，对这类项目在划分标准、确定单价时，应保持慎重的态度。必要时由造价站仲裁解决；

3) 材料价差在工程中所占的比重较大，对工程成本的影响起着举足轻重的作用，预算人员应高度重视这部分的内容；

4) 费用程序和费率亦是引起关注的内容，对于当地的规定应非常熟悉，是以工程类别还是以企业等级取费均应了解。

(2) 全面审查法，按照施工图纸、合同、定额等标准对工程编制一套完整的施工图预算，然后同对方预算人员编制的预算逐项核对即为全面审查法。此种方法优点是全面、细致、审查质量高，在具有审查能力时，可采用这种方法。但该方法耗时多，如用此方法时，应注意合理的安排时间，以适应工程的需要。

(3) 指标审查法（对比审查法），是利用某单位工程的技术、经济指标进行对比，并且加以分析的一种审查方法。施工图预算通常以单位工程为对象，如果其用途、建筑结构和建筑标准均一样时，并且在同一地区或同一城市范围内，预算造价和人工、材料消耗量基本相同时，可采用此法。即使建设地点不同、施工方法不同、建筑面积也不同时，亦可采用对比分析法，找出重点内容进行审查。但在使用中，应注意时间性、地区性的差异。还应注意所利用的指标是否具有相同的性质（同质性）。否则不具有可比性。

（八）审查书的内容

审查书又可以称为定案通知单，定案通知单一般为建设银行审查时出具的结论性终审文件，如为业主审查时，只填写审查说明并在封面签名。其通知书的内容如下：

(1) 审查单位、审查者（单位盖章，签字）；
(2) 施工图预算送审时间；
(3) 审查出的主要问题；
(4) 处理定案方法；
(5) 最终审定的工程造价；
(6) 最终审定定案的日期。

第三节　建筑电气安装工程量计算

一、工程量的含义

工程量是以物理计量单位或自然计量单位，所表示的各个具体工程和构配件的数量。物理计量单位是指以公制度量表示的长度、面积、体积和重量等。如 m、m^2、m^3 通常可用来表示电气和管道安装工程中管线的敷设长度，管道的展开面积、管道的绝热、保温厚度等。用"t"或"kg"作单位来表示电气安装工程中一般金属构件的制作安装重量等。自然计量单位，通常指用物体的自然形态表示的计量单位，如电气和管道设备通常以"台"，各种开关、元器件以"个"，电气装置或卫生器具以"套"或"组"等单位表示。

二、工程量计算依据和条件

（一）工程量计算依据

(1) 经会审后的施工图纸、标准图集、现行预算定额或单位基价表；
(2) 现行施工及技术验收规范、规程、施工组织设计或施工方案等；
(3) 有关安装工程施工、计算和预算手册、造价资料等，如数学手册、建材手册、五金手册、工长手册等；
(4) 其他有关技术、经济资料。如招、投标工程，应注意文件或合同、协议划分计算范围和内容。

（二）工程量计算应具备的条件

(1) 图纸已经会审；
(2) 施工组织设计或施工方案已经审批；
(3) 工程承包合同已签定生效；
(4) 工程项目划分范围已经明确，各方责任落实（实施工程建设监理的项目）。

三、工程量计算的基本要求

（一）计算口径一致

计算口径一致指根据现行预算定额计算出的工程量必须同定额规定的子目口径统一，这需要预算人员对定额和图纸非常熟悉，对定额中子目所包括的工作范围和工作内容必须清楚。

（二）计量单位一致

在计算安装工程量时，按照施工图列出的项目的计量单位，要同定额中相应的计量单位相一致，以加强工程量计算的准确性。特别要注意安装工程中扩大计量单位的含义和用法。

（三）计算内容一致

工程量的计算内容必须以施工图和合同界定的内容和范围为准，同时还要与现行预算定额的册（篇）、章、节、子目等保持一致。要注意定额各册、（篇）的具体规定。

四、建筑电气强电安装工程量的计算

（一）变配电装置工程量计算

10kV 以下的变配电装置，通常划分为架空进线和电缆进线等方式。由于变配电装置进线方式不同，控制设备会有所不同，因此，工程量列项内容也就不尽相同。

1. 变压器安装及其干燥

（1）变压器安装及其发生干燥时，根据不同容量分别按"台"计算，套用第二册（篇）第一章"变压器"定额相应子目。

变压器安装定额亦适用于自耦式变压器、带负荷调压变压器以及并联电抗器的安装。电炉变压器的安装可按同电压、同容量变压器定额乘以系数 2 计算，整流变压器执行同电压、同容量变 压器定额再乘以系数 1.6 计算。

对于变压器的安装定额中不包括如下内容：

1）变压器油的耐压试验、混合化验，无论是由施工单位自检，或委托电力部门代验，均可按实际发生情况计算费用。

2）变压器安装定额中未包括绝缘油的过滤，发生时可按照变压器上铭牌标注油量，再加上损耗计算过滤工程量，计量单位为"t"。其计算式为：

$$\text{油过滤数量} = \text{设备油量} \times (1 + \text{损耗率}) \tag{2-42}$$

3）变压器安装中，没有包括变压器的系统调试，应另列项目，套用第二册（篇）第十一章"电气调试"定额相应子目。

（2）4000kVA 以上的变压器需吊芯检查时，按定额机械费乘以系数 2 计算。

2. 配电装置安装

（1）断路器（QF）、负荷开关（QL）、隔离开关（QS）、电流互感器（TA）、电压互感器（TV）、油浸电抗器、电容器柜、交流滤波装置等的安装均按"台"计算工程量，套用第二册（篇）第一章"变压器"定额相应子目。但需要注意对于负荷开关安装子目，定额中包括了操动机构的安装，可以不另外计算工程量。

（2）电抗器安装及其干燥均按"组"计算，分别套用相应定额子目。

（3）电力电容器安装按"个"计算工程量。

（4）熔断器、避雷器、干式电抗器等安装均按"组"计算工程量，每三相为一组。

1）上述熔断器是指高压熔断器安装（10kV 以内），定额套用第二册（篇）第二章"配电装置"相应子目。而对于低压熔断器安装可套用第二册（篇）第四章"控制设备及低压电气"有关定额子目，按"个"计算工程量。

2）当阀式避雷器安装在杆上、墙上时，定额已经包括与相线连接的裸铜线材料，不另计量。但是引下线要另行列项计算。定额套用第九章"防雷及接地装置"的接地线相应

子目。

3) 避雷器安装定额中不包括放电记录和固定支架制作。放电记录和固定支架制作与安装可另外套用第十一章避雷器调试项目和第四章"控制设备及低压电气"的铁构件制作、安装项目。

4) 避雷器的调试可按"组"计算工程量，套用第二册（篇）第十一章"电气调整试验"定额相应子目。

(5) 高压成套配电柜和箱式变电站的安装以"台"计算工程量，但未包括基础槽钢、母线及引下线的配置安装。

(6) 配电设备安装的支架、抱箍、延长轴、轴套、间隔板等，如在现场制作时，可按照施工图纸为依据，并按"kg"计算工程量。执行第二册（篇）第四章铁构件制作、安装定额或成品价。

(7) 配电设备的端子板外部接线，可按第二册（篇）第四章相应定额执行。

变配电系统图以及架空进线变配电装置如图 2-1 所示。

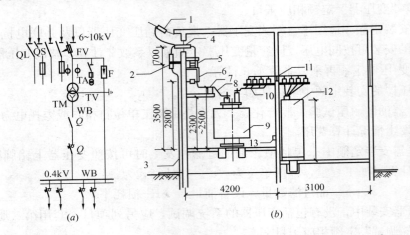

图 2-1 变配电系统与架空进线变配电装置
(a) 变配电装置系统图；(b) 架空进线变配电装置
1—高压架空引入线拉紧装置；2—避雷器；3—避雷器引下线；4—高压穿通板及穿墙套管；5—高压负荷开关 QL、高压断路器 QF 或隔离开关 QS，均带操动机构；6—高压熔断器；7—高压支柱绝缘子及钢支架；8—高压母线 WB；9—电力变压器 TM；10—低压母线 WB 及电车绝缘子和钢支架；11—低压穿通板；12—低压配电箱（屏）AP、AL；13—室内接地母线

3. 杆上变压器的安装及其台架制作

(1) 杆上变压器安装可按变压器的容量（kVA）划分档次，以"台"计算工程量。其工作内容包括：安装变压器、台架铁件安装、配线、接地等。

但不包括：变压器调试、抽芯、干燥、接地装置、检修平台以及防护栏杆的制作与安装。

杆上变压器安装套用第二册（篇）第十章"10kV 以下架空配电线路"定额相应子目。

(2) 杆上配电设备安装、跌开式保险、阀式避雷器、隔离开关等的安装可分别按"组"计算工程量，按容量划分档次。而油开关、配电箱则分别按"台"计算工程量。但进出线不包括焊（压）接线端子，发生时可另外列项计算工程量。

(3) 杆上变压器的挖电杆坑土石方、立电杆等项目可按架空线路分部定额计算规则计算工程量并套用相应定额子目。

（二）母线及绝缘子安装工程量计算

(1) 10kV以下，悬式绝缘子安装定额按"串"计算工程量。定额中包括绝缘子绝缘测试工作。其未计价材料有：绝缘子、金具、悬垂线夹等。悬式绝缘子安装是以单串考虑的，如果设计为双串绝缘子，则定额人工费乘以系数1.08计算。套用定额第二册（篇）第三章定额相应子目。

(2) 支持绝缘子安装方式分户内、户外式，按照安装孔数划分档次，以"个"计算工程量。

(3) 进户悬式绝缘子拉紧支架，按一般铁构件制作、安装工程量计算，套用第二册（篇）第四章相应定额子目。

(4) 穿通板制安其工程量按"块"计算，以不同材质分档，套用第二册（篇）第四章"控制设备及低压电器"相应定额子目。

(5) 穿墙套管安装不分水平、垂直，定额按"个"计算工程量。套用第二册（篇）第三章"母线、绝缘子"定额有关子目。

(6) 母线（WB）安装工程量。

母线按刚度分类有：硬母线（汇流排），软母线；

母线按材质分类有：铜母线（TMY）、铝母线（LMY），钢母线（Ao）；

母线按断面形状分类有：带形、槽形、组合形；

母线按安装方式分有：带形母线安装一片、二片、三片、四片；

组合母线2、3、10、14、18、26根等。

母线安装不包括支持（柱）绝缘子安装以及母线伸缩接头制安。套用第二册（篇）第三章相应定额；母线安装定额包括刷相色漆。

1) 硬母线安装（带形、槽形等）以及带型母线引下线安装包括铜母排、铝母排分别以不同截面积按"m/单相"计算工程量。计算式为：

$$L_{母} = \Sigma（按母线设计单片延长米+母线预留长度） \tag{2-43}$$

硬母线预留长度见表2-14。

硬母线安装预留长度　　　　　　（单位：m/根）　　表2-14

序号	项目	预留长度	说明
1	带形、槽型母线终端	0.3	从最后一个支持点算起
2	带形、槽型母线与分支线连接	0.5	分支线预留
3	带形母线与设备连接	0.5	从设备端子接口算起
4	多片重型母线与设备连接	1.0	从设备端子接口算起
5	槽形母线与设备连接	0.5	从设备端子接口算起

①固定母线的金具亦可按设计量加损耗率计算，带型、槽型母线安装亦不包括母线钢

托架、支架的制作与安装,其工程量可分别按设计成品数量执行第二册(篇)定额相应子目。但槽型母线与设备连接分别以连接不同的设备按"台"计算工程量。

②高压支持绝缘子安装按"个"或"柱"计算工程量;低压母线电车瓷瓶绝缘子安装,按"个"计算工程量;(通常发生在车间母线的安装工程上)而支、托架制作及安装按"kg"计算;以上各项分别套用相应定额子目。

③母线与设备相连,须焊接铜铝过渡端子,或安装铜铝过渡线夹或过渡板时,按"个"计算工程量。按不同截面分档,套用第四章相应定额子目。母线伸缩接头亦按"个"计算工程量。

2)重型母线安装包括铜母线、铝母线、分别按不同截面和母线的成品重量以"t"计算工程量。

3)钢带型母线安装、按同规格的铜母线定额执行,不得换算。

4)低压(指380V以下)封闭式插接式母线槽安装分别按导体的额定电流大小以"m"计算工程量,长度可按设计母线的轴线长度控制。分线箱以"台"为计量单位,分别以电流大小按设计数量计算。

5)母线系统调试(10kV)以下,详见本节(九)"电气调试工程量计算"。

6)软母线安装,指直接由耐张绝缘子串悬挂部分,可按软母线截面大小分别以"跨/三相"为计量单位。设计跨距不同时,不得调整。导线、绝缘子、线夹、弛度调节金具等可按施工图设计用量加定额规定的损耗率计算未计价材料用量。

7)软母线引下线,指由T形线夹或并钩线夹从软母线引向设备的连接线,可以"组"为计量单位,每三相为一组;软母线经终端耐张线夹引下(不经T形线夹或并钩线夹引下)与设备连接的部分均执行引下线定额,不得换算。

8)两跨软母线之间的跳引线(采用跳线线夹、端子压接管或并钩线夹连接的部分)安装,以"组"为计量单位,每三相为一组。不论两端的耐张线夹是螺栓式或压接式,均执行软母线跳线定额,不得换算。

9)设备连接线安装,是指两设备间的连接部分。不论引下线、跳线、设备连接线、均应分别按导线的截面、三相为一组计算工程量。

10)组合软母线安装,以三项为一组计算。跨距(包括水平悬挂部分和两端引下部分之和)系以45m以内考虑,跨度的长、短不得调整。导线、绝缘子、线夹、金具可按施工图设计用量加定额规定的损耗率计算。软母线安装预留长度见表2-15。

软母线安装预留长度 (单位:m/根) 表2-15

项 目	耐张	跳线	引下线、设备连接线
预留长度	2.5	0.8	0.6

(三)控制、继电保护屏安装工程量计算

(1)高压控制台、柜、屏等安装,按"台"等计算工程量,套用第四章相应定额子目。

(2)变配电低压柜、屏等,如果为变配电的配电装置时,可套用第四章"电源屏"子目;如果用在车间或其他作动力及照明配电箱时,可套用"动力配电箱"子目。

(3)落地式高压柜和低压柜安装柜的基座一般采用槽钢或角钢材料,其制作和安装工程量可按如下计算式：
$$L = 2(A+B) \tag{2-44}$$
式中　A——柜、箱长边（m）；
　　　B——柜、箱宽（m）。

如图 2-2 所示为槽（角）钢柜（箱）基座外型示意图。

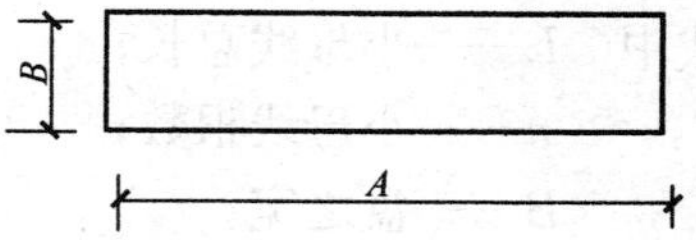

1) 槽钢或角钢基座的制作工程量按"kg"计算，套用第二册（篇）第四章有关子目。

2) 槽钢或角钢基座的安装工程量按"kg"计算，套用第二册（篇）第四章有关子目。

图 2-2　槽（角）钢柜（箱）基座

3) 箱、柜基座需要做地脚螺栓时，其地脚螺栓灌浆以及底座二次灌浆套用第一册（篇）第十三章"地脚螺栓孔灌浆"及"设备底座与基础间灌浆定额子目。

（4）铁构件制作、安装按施工图设计尺寸，以成品重量"kg"为计量单位。

（5）动力、照明控制设备及装置安装。

1) 配电柜、箱、等安装：不分明、暗装、以及落地式、嵌入式，支架式等安装方式，不分规格、型号，一律按"台"计算工程量。定额套用第二册（篇）第四章有关子目。

①成套动力、照明控制和配电用柜、箱，屏等不分型号、规格以及安装方式，可按"台"计算工程量。

其基座或支架的计算如前所述。进出配电箱的线头如果焊（压）接线端子时，可按"个"计算工程量。

②非成套箱、盘，板如果在现场加工时，如为铁配电箱时可列箱体制作项目，按"kg"计算；木板配电箱制作根据半周长，按"套"计算工程量；木配电盘（板）制作项目工程量按"m^2"计算。其安装项目工程量按"块"计算。以盘，板半周长划分档次，套用第二册（篇）第四章相应定额子目。

③配电屏安装保护网，工程量按"m^2"计算，套用第二册（篇）第四章相应定额子目。

④二次喷漆发生时，以"m^2"计算，套用第二册（篇）第四章相应定额子目。

2) 箱、盘，板内电气元件安装。

①电度表（Wh）按"个"计算工程量。

②各种开关（HK、HH、DZ、DW 等）按"个"计算工程量。

③熔断器、插座等分别按"个"和"套"计算工程量。

④端子板安装按"组"计算工程量。其外部接线按设备盘、柜、台的外部接线图，以"个、头"为计量单位计算工程量。

3) 柜、箱、屏、盘，板配线：工程量按盘柜内配线定额执行，以"m"计算长度，套用第二册（篇）第四章"控制设备"有关子目。其计算公式为：
$$L = 盘、柜半周长 \times 出线回路数 \tag{2-45}$$
盘、箱、柜的外部进出线预留长度可按表 2-16 计算。

4) 配电板包薄钢板，按配电板图示外形尺寸以"m^2"计算。

5) 焊、（压）接线端子定额只适用于导线，电缆终端头制作安装定额中已包括压接线端子。不再重复计算。

6) 保护盘、信号盘、直流盘的盘顶小母线安装,可按"m"计算工程量。其计算式如下:

$$L = n \times \sum B + nl \tag{2-46}$$

式中 L——小母线总长;
　　　n——小母线根数;
　　　B——盘之宽;
　　　l——小母线预留长度。

盘、箱、柜的外部进出线预留长度　（单位:m/根）　表 2-16

序号	项目	预留长度	说明
1	各种箱、柜、盘、板、盒	高+宽	盘面尺寸
2	单独安装的铁壳开关、自动开关、刀开关、启动器、箱式电阻器、变阻器	0.5	从安装对象中心算起
3	继电器、控制开关、信号灯、按钮、熔断器等小电器	0.3	从安装对象中心算起
4	分支接头	0.2	分支线预留

（四）电缆工程量计算

电缆敷设形式有:直接埋入土沟内,如图 2-3;安放在沟内支架上,如图 2-4;沿墙卡设,如图 2-5;沿钢索敷设,如图 2-6;吊在顶棚上等。但无论采用何种敷设方式,10kV 以下的电力电缆和控制电缆敷设,均套用第二册（篇）第八章"电缆"定额相应子目。

对于 10kV 以下电力电缆的敷设,在套用定额时,特别应注意本章说明关于章节系数的规定。

(1) 10kV 以下电力电缆和控制电缆按"延长米"计算工程量,不扣除电缆中间头及终端头所占长度。总长度为水平长度加垂直长度加预留长度等,如图 2-7。电缆敷设端头预留长度见表 2-17。

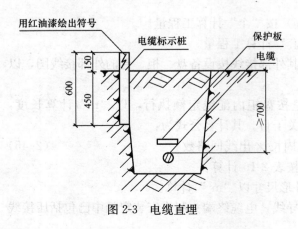

图 2-3　电缆直埋

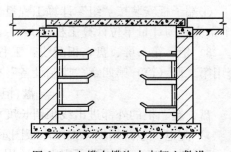

图 2-4　电缆在缆沟内支架上敷设

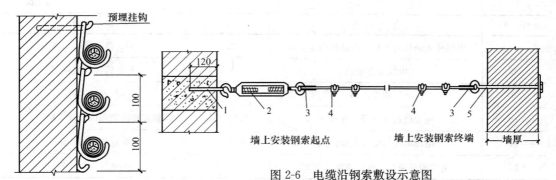

图 2-5 扁钢挂架沿墙敷设电缆

图 2-6 电缆沿钢索敷设示意图
1—耳环；2—花篮螺栓；3—心形环；4—钢索卡；5—耳环

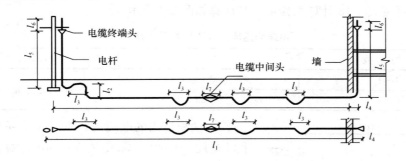

图 2-7 电缆长度组成示意图

工程量计算式为：
$$L = (l_1 + l_2 + l_3 + l_4 + l_5 + l_6 + l_7) \times (1 + 2.5\%) \tag{2-47}$$

式中　l_1——水平长度（m）；
　　　l_2——垂直及斜向长度（m）；
　　　l_3——余留（弛度）长度（m）；
　　　l_4——穿墙基及进入建筑物时长度（m）；
　　　l_5——沿电杆、沿墙引上（引下）长度（m）；
　　　l_6——电缆终端头长度（m）；
　　　l_7——电缆中间头长度（m）；
　　　2.5%——电缆曲折弯余系数。

电缆敷设端头预留长度表　　　　表 2-17

序号	项目名称	预留长度（m）	说　明
1	电缆进入建筑物处	2.0	规范规定最小值
2	电缆进入沟内或上吊架	1.5	规范规定最小值
3	变电所进线、出线	1.5	规范规定最小值
4	电力电缆终端头	1.5	检修余量最小值
5	电缆中间接头盒	两端各 2.0	检修余量最小值
6	电缆进入控制屏、保护屏及模拟盘等	高+宽	按盘面尺寸

续表

序 号	项目名称	预留长度（m）	说 明
7	电缆进入高压开关柜、低压配电盘、箱	2.0	柜、盘下进、出线
8	电缆至电动机	0.5	从电机接线盒算起
9	厂用变压器	3.0	从地坪算起
10	电缆绕过梁柱等增加长度	按实计算	按被绕物的断面情况计算增加长度
11	电梯电缆与电缆架固定点	每处 0.5	规范规定最小值
12	电缆附设弛度、波形弯度、交叉	2.5%	按电缆全长计算

（2）电缆直埋时，电缆沟挖填土（石）方量，如有设计图，可按图计算土石方量；如无设计图，可按表 2-18 计算工程量。其计算如图 2-8 所示。

电缆沟挖填土（石）方量计算表　　　　表 2-18

电缆根数		项　目
1～2	每增一根	每米沟长挖土量（m³/m）
0.45	0.153	

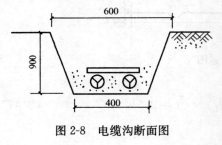

图 2-8　电缆沟断面图

1) 两根以内的电缆沟，上口宽度系按 600mm，下口宽度 400mm，深度按 900mm 计算，如图 2-8 所示。

2) 每增加一根电缆，其宽度增加 170m；

3) 以上土（石）方量系按埋深从自然地坪算起，如设计埋深超过 900mm 时，多挖的土（石）方量另行计算。

① $$V = \frac{(0.6+0.4) \times 0.9}{2} \text{m}^3/\text{m} = 0.45 \text{m}^3/\text{m} \tag{2-48}$$

即每增加一根电缆，沟底宽增加 0.17m。

也就是每米沟长增加 0.153m³ 的土石方量。电缆沟挖土石方工程量，可执行第二册（篇）第八章定额相应子目。

②当开挖混凝土、柏油等路面的电缆沟时，按照设计的沟断面图计算土石方量，其计算式为：

$$V = Hbl \tag{2-49}$$

式中　V——土石方开挖量；

　　　H——电缆沟的深度；

　　　b——电缆沟底宽；

　　　l——电缆沟长度。

土石方挖、填方量套用第八章相应定额子目。

（3）电缆沟铺砂盖砖的工程量按沟长度，以"延长米"计算。

（4）电缆沟盖板揭盖，按每揭或每盖一次以"延长米"计算，若又揭又盖，则按两次计算。

(5) 电缆保护管无论为引上、引下管、穿过沟管、穿公路管、穿墙管等一律按长度"m"计算工程量,根据管的材质(铸铁管、钢管)划分档次,定额套用第二册(篇)第九章相应子目。其埋地的土石方,如有施工图纸者,按图计算;如无施工图,可按沟深 0.9m 沟宽,按最外边的保护管两侧边缘各增加 0.3m 工作面计算长度,电缆保护管除按设计规定长度计算外,遇有下列情况,应按以下规定增加保护管长度。

1) 横穿公路,按路基宽两端各加 2m。
2) 垂直敷设管口距地面增加 2m。
3) 穿过建筑物外墙者,按基础外缘增加 1m。
4) 穿过排水沟,按沟壁外缘以外两边各加 0.5m。

(6) 电缆终端头及中间接头均按"个"计算工程量。中间头的计算通常按设计考虑,若无设计规定时,可按下式确定:

$$n = \frac{L}{l} - 1 \tag{2-50}$$

式中　n——中间头的个数;
　　　L——电缆设计敷设长度(m);
　　　l——每段电缆平均长度(m),可按下列参数取定:

1) 1kV 以下电缆:

截面积 35mm² 以内取 600~700m;
截面积 120mm² 以内取 500~600m;
截面积 240mm² 以内取 400~500m。

2) 10kV 以下电缆:

截面积 35mm² 以内取 300~350m;
截面积 120mm² 以内取 250~300m;
截面积 240mm² 以内取 200~250m。

(7) 电缆支架、吊架及钢索

1) 电缆支架、吊架、槽架等制作安装,以"kg"为计量单位,执行"铁构件制作"定额桥架安装,以"10m"为计量单位,不扣除弯头、三通、四通等所占长度。

2) 吊电缆的钢索及拉紧装置,分别执行相应的定额子目。

3) 钢索的计算长度,以两端固定点的距离为准,不扣除拉紧装置所占的长度。定额套用第二册(篇)第十二章"配管、配线"定额相应子目。

(8) 多芯电力电缆套定额时,按一根相线截面计算,不得将三根相线和零线截面相加计算,单芯电缆敷设可按同截面的多芯电缆敷设计算工程量,再乘以定额规定系数。

(9) 电缆工地运输工程量按"t/km"计算。并根据定额规定,可将电缆折算成重量,然后套用运输定额,折算公式为:

$$Q = W + G \tag{2-51}$$

式中　Q——电缆折算总重量(t);
　　　W——电缆理论重量,$W = t/m \times$ 电缆长度 m; $\quad(2\text{-}52)$
　　　G——电缆盘重(t);

运距是从电缆库房或现场堆放地算至施工点。

（五）配管、配线工程量计算

（1）配管配线系指从配电控制设备到用电器具的配电线路以及控制线路的敷设。工艺上分明配和暗配两种形式。各种配管应区别不同敷设方式，部位及管材材质，规格，以"延长米"计算。计算时不扣除管接线箱（盒）、灯头盒、开关盒所占长度。其计算要领是从配电箱算起，沿各回路计算；同时应考虑按建筑物自然层进行划分。或者按照建筑形状分片计算。配管定额套用第十二章"配管、配线"有关子目。

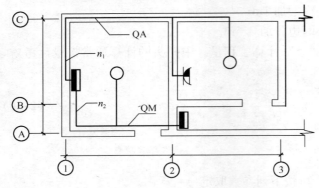

图 2-9 管（线）水平长度计算示意图

1) 沿墙、柱、梁水平方向敷设的管（线），沿水平方向敷设的管（线）其长度与建筑物轴线尺寸有关。故应按相关墙、柱、梁轴线尺寸计算，如图 2-9 所示。

2) 如果在顶棚内敷设，或者在地坪内暗敷，可用比例尺斜量或按设计定位尺寸计算。注意在顶棚内敷管按明敷项目定额执行。

3) 在预制板地面和楼面暗敷的管，可按板缝纵、横方向计算工程量。

4) 沿垂直方向敷设的管线通常与箱、盘，板开关等的安装高度有关，也与楼层高度 H 有关。沿垂直方向引上引下的管线其计算方法如图 2-10 所示。

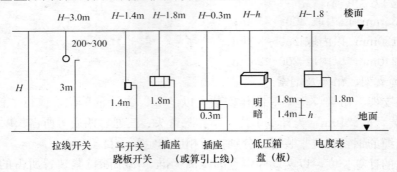

图 2-10 引下管线长度计算示意图

（2）管内穿线分照明线路与动力线路，按不同导线截面，以单线"延长米"计算。照明线路中导线截面积在 6mm² 以上时，按动力穿线执行，线路的分支接头线的长度已综合考虑在定额中，不再计算接头工程量。其计算公式为：

$$\text{管内穿线长度} = （\text{配管长度} + \text{导线预留长度}）\times \text{同截面导线根数} \qquad (2-53)$$

（3）钢索架设及拉紧装置、支架、接线箱（盒）等的制做、安装，其工程量另行计算，套第二册（篇）第十二章相应定额项目。

（4）灯具，明暗开关、插座、按钮等的预留线，分别综合在有关定额中，不另计算以上预留线工程量。但配线进入开关箱、柜、板等的预留线，按表 2-19 规定长度预留，分别计入相应的工程量中。

（5）配管接线箱、盒安装等的工程量计算：

安装工程中，无论是明配或暗配线管，都将产生接线箱或接线盒（分线盒）以及开关盒等。

配线进入箱、柜、板预留长度表（单位：m/根）　　　　表2-19

序号	项　　目	预留长度	说　　明
1	各种开关箱、柜、板	高+宽	盘面尺寸
2	单独安装的铁壳开关、自动开关、刀开关、启动器、箱式电阻器、变阻器	0.5m	从安装对象中心算起
3	由地面管子出口引至动力接线箱	1.0m	从管口算起
4	电源与管内导线连接（管内穿线与硬母线接头）	1.5m	从管口算起
5	出户线（进户线）	1.5m	从管口算起

灯头盒、插座盒等安装，均以"个"计算工程量。且箱、盒均计算未计价材料。接线盒通常布置在管线分支处或者管线转弯处。如图2-11所示，可参照此透视图位置计算盒的数量。

当线管敷设超过以下长度时，可在其间增加接线盒：

1) 对无弯的管路，不超过30m。

2) 两个拉线点之间有一个弯时，不超过20m。

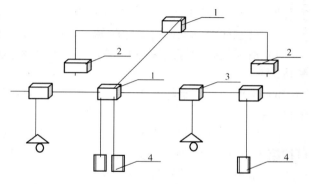

图2-11　接线盒位置透视图
1—接线盒；2—开关盒；3—灯头盒；4—插座盒

3) 两个拉线点之间有两个弯时，不超过15m。

4) 两个拉线点之间有三个弯时，不超过8m。

接线盒的安装工程量，应区别安装形式（明装、暗装、钢索上）套用相应定额子目。

（6）导线同设备连接需焊（压）接线端子时，可按"个"计算工程量。套用第二册（篇）第四章相应定额子目。

（7）配线工程量的计算：

配线工程定额是按敷设方式、敷设部位以及配线规格进行划分的。

1) 绝缘子配线，可划分为鼓形、针式以及蝶式绝缘子，按"单线延长米"计算工程量。套第二册（篇）第十二章定额相应子目。当绝缘子配线沿墙、柱、屋架或者跨屋架、跨柱等敷设需要支架时，可按图纸或标准图规定，计算支架的重量，并套用相应支架制作、安装定额子目。绝缘子跨越需要拉紧装置时，可按"套"计算制安工程量，套用第二册（篇）第十二章定额相应子目。

2) 槽板配线可分为木槽板（CB）配线、塑料槽板（VB）配线等材质，定额亦分两线式和三线式；根据敷设在不同结构以及导线的规格，按"线路延长米"计算工程量。

3) 塑料护套线配线无论何种形式，定额划分为二芯、三芯式，可按"单线延长米"

39

计算工程量。若沿钢索架设时，必须计算钢索架设和钢索拉紧装置两项，并套用相应定额子目。

4）线槽配线（GXC、VXC等）按导线规格划分档次，线槽内配线以"单线延长米"计算工程量；线槽安装可按"节"计算工程量；如需支架时，可另列支架制作和安装两个项目，套第二册第四章相应定额子目。

5）线夹配线工程量，应区别线夹材质（塑料、瓷质）、按两线式、三线式，以及敷设在不同结构，并考虑导线规格，以"线路延长米"计算工程量。

（8）车间滑触线（WT）安装工程量计算：

1）角钢滑触线等安装按"m/单相"计算工程量，定额套用第二册（篇）第七章相应子目。其计算式为：

$$滑触线长度 = \sum(单相延长米 + 预留长度) \times 根数 \qquad (2-54)$$

预留长度见表2-20。

2）滑触线支架制作、安装，支架制作按"kg"计算，套第四章相应定额子目；支架安装按"副"计算工程量。以焊接和螺栓连接方式划分档次，套第七章定额相应子目。

3）滑触线及支架刷第二遍防锈漆，可套用第十一册（篇）相应定额子目。

4）滑触线指示灯安装可按"套"计算工程量，套用第二册（篇）第七章相应定额子目。

5）滑触线低压绝缘子安装按"个"计算工程量，套用第二册（篇）第三章相应定额子目。

6）滑触线和支架的安装高度定额是按10m以下考虑的，当实际施工超过此高度时，可按第二册（篇）第七章定额说明规定计算操作超高增加费。

7）滑触线拉紧装置按"套"计算。

8）滑触线的辅助母线安装，执行"车间带型母线"安装定额项目。

滑触线安装附加和预留长度（单位：m/根） 表2-20

序号	项 目	预留长度	说 明
1	圆钢、铜母线与设备连接	0.2	从设备接线端子接口起算
2	圆钢、铜滑触线终端	0.5	从最后一个固定点起算
3	角钢滑触线终端	1.0	从最后一个支持点起算
4	扁钢滑触线终端	1.3	从最后一个固定点起算
5	扁钢母线分支	0.5	分支线预留
6	扁钢母线与设备连接	0.5	从设备接线端子接口起算
7	轻轨滑触线终端	0.8	从最后一个支持点起算
8	安全节能及其他滑触线终端	0.5	从最后一个固定点起算

（六）电机安装及其检查接线与干燥工程量计算

2000年《全国统一安装工程预算定额》将电机本体的安装工程量，放入第一册《机械设备安装工程》中，而对于电机的检查接线，可套用第二册第六章定额有关子目，并且在使用定额时，应注意要另列电机调试项目。

1. 发电机、调相机、电动机的电气检查接线上述项目均以"台"计算工程量。直流发电机组和多台一串的机组，按单台电机分别套定额。定额套用时，可按电机的容量划分档次。

2. 电机干燥

电机在安装之前，通常要测试绝缘电阻，如果测试不符合规定者，必须进行干燥。在第二册（篇）第六章"电机检查接线"定额中，除发电机和调相机外，均不包括电机干燥，发生时其工程量可按电机干燥定额另列项计算。电机干燥定额是按一次干燥所需的工、料、机消耗量考虑的，在特别潮湿的地方，电机需要进行多次干燥，可根据实际发生的干燥次数计算。在气候干燥、电机绝缘性能良好、符合技术标准而不需要干燥时，则不计算干燥费用。实行包干的工程，可参照如下比例，由有关各方协商决定。

（1）低压小型电机 3kW 以下按 25％ 的比例考虑干燥；

（2）低压小型电机 3kW 以上至 220kW 按 30％～50％ 考虑干燥；

（3）大、中、型电机按 100％ 考虑一次性干燥。

3. 电机解体拆装检查

电机解体拆装检查定额，可根据需要选用。如果不需要解体时，只执行电机检查接线定额。

4. 电机安装

电机安装定额的界限划分是：单台电机重量在 3t 以下的为小型电机；单台电机重量在 3～30t 范围内的为中型电机；单台电机重量在 30t 以上的为大型电机。小型电机按电机类别和功率大小执行相应定额，大、中型电机不分类别一律按电机重量执行相应定额。

（七）照明器具安装工程量计算

对于照明灯具，国家没有统一的标志，各厂家产品型号及其标志极不统一，给定额套用带来困难。因此，尽量套用与灯具相似的子目。一般灯具套用第二册（篇）第十三章"照明器具"有关子目，装饰灯具套用本章有关装饰灯具定额子目。灯具的种类、适用范围、详见定额第十三章的章说明中的具体规定。

灯具的组成有一般灯架、灯罩、灯座及其附件。常见灯具如图 2-12 所示，其安装方式见表 2-21。

灯具安装方式 表 2-21

安 装 方 式		新 符 号	旧 符 号
吊 式	线吊式	WP	X
	链吊式	C	L
	管吊式	P	G
吸顶式	一般吸顶式		D
	嵌入吸顶式	R	RD
壁装式	一般壁装式	W	B
	嵌入壁装式	R	RB

灯具安装工程量是以其种类、规格、型号、安装方式等进行划分，并且一律按"套"计算工程量。定额包括灯具以及灯管（灯泡）的安装，对于灯具的未计价材料，可按各地区预算价格为依据。其计算公式为：

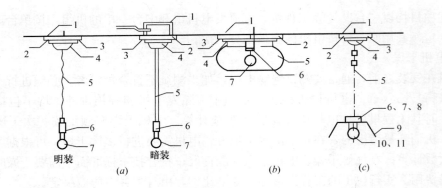

图 2-12 灯具组成示意图

(a) 吊灯　明装：1—固定木台螺栓；2—元木台；3—固定吊线盒螺钉；4—吊线盒；
　　　　　5—灯线（花线）；6—灯头（螺口 E，插口 C）；7—灯泡
　　　　暗装：1—灯头盒；2—塑料台固定螺栓；3—塑料台；4—吊线盒；5—吊杆
　　　　　（吊链、灯线）；6—灯头；7—灯泡

(b) 吸顶　1—固定木台螺钉；2—木台；3—固定木台螺钉；4—灯圈（灯架）；5—灯
　　　　罩；6—灯头座；7—灯泡

(c) 日光灯　1—固定木台螺钉；2—固定吊线盒螺栓；3—木台；4—吊线盒；5—吊线
　　　　　（吊链、吊杆、灯线）；6—镇流器；7—启辉器；8—电容器；9—灯罩；
　　　　　10—灯管灯脚（固定式、弹簧式）；11—灯管

$$灯具未计价材料价值 = 灯具数量 \times 定额消耗量 \times 灯具单价$$
$$+ 灯泡(灯管)未计价材料价值 \quad (2-55)$$
$$灯泡(灯管)未计价材料价值 = 灯泡(灯管)数量 \times (1 + 定额规定损耗率)$$
$$\times 灯泡(灯管)单价 \quad (2-56)$$
$$灯罩未计价材料价值 = 灯罩数量 \times (1 + 定额规定损耗率) \times 灯罩单价 \quad (2-57)$$

其中灯泡（灯管）、灯罩等的损耗率见表 2-22。

灯泡（灯管）、灯罩（灯伞）损耗率　　　　表 2-22

材　料　名　称	损耗率（%）
白炽灯泡	3.0
荧光灯泡、水银灯泡	1.5
玻璃灯罩（灯伞）	5.0

(1) 普通灯具安装，定额中列入了吸顶灯和其他普通灯具两类，按"套"计算工程量。

其他普通灯具包括软线吊灯、链吊灯、防水吊灯、一般弯脖灯、一般壁灯、防水灯头、节能座灯头、座灯头等。定额中不包括吊线盒的价值，计算工程量时，应进行组装计价。软线吊灯未计价材料价值的计算公式为：

$$软线吊灯未计价材料价值 = 吊线盒价值 + 灯头价值 + 灯伞价值 + 灯泡价值 \quad (2-58)$$

(2) 荧光灯具安装，可分为组装型和成套型两类。

1) 成套型荧光灯是指由定型生产，并且成套供应的灯具，由于运输需要，散件出厂、在现场组装者。其安装方式有 L、G、D 等形式。吊链式成套荧光灯具安装项目中每套包

括两根（共 3m 长）吊链和两个吊线盒。

2）组装型荧光灯是指不是工厂定型生产的成套灯具，而由市场采购的不同类型散件组装而成，或局部改装者，执行组装型定额。其安装方式有 L、G、D、R 等形式。应根据安装方式和灯管数量等分别套用相应定额。

在计算组装型荧光灯时，每套可计算一个电容器安装工程量项目，套用相应定额，并计算电容器的未计价材料价值。

（3）工厂灯及防水防尘灯安装，可分为两类：即工厂罩灯和防水防尘灯；工厂其他常用灯具安装，应区别不同安装形式按"套"计算工程量。

（4）医院灯具安装是指病房指示灯、病房暗脚灯、紫外线杀菌灯、无影灯等，应区别灯具种类按"套"计算工程量。

（5）路灯安装，该类灯具包括两种：大马路弯灯安装，一般臂长为 1200mm 左右；庭院路灯安装，应区别不同臂长灯具组装数量分别按"套"计算工程量。

（6）装饰灯具的安装。装饰灯具通常发生在宾馆、商场、影剧院、大饭店、高级住宅等建筑物装饰用场地。由于内容繁杂，型号亦不统一，在套定额时，要对照十三章后的附录"装饰灯具示意图集"选择子目。2000 年 3 月 17 日以后开始实施的《全国统一安装工程预算定额》对装饰灯具做了如下分类：

1）吊式艺术装饰灯具：蜡烛、挂片、串珠（穗）、串棒、吊杆、玻璃罩等样式；应根据不同材质、不同灯体垂吊长度、不同灯体直径等分别套用定额；

2）吸顶式艺术装饰灯具：串珠（穗）、串棒、挂片（碗、吊碟）、玻璃罩等样式；应根据不同材质、不同灯体垂吊长度、不同灯体几何形状等分别套用定额；

3）荧光艺术装饰灯具：组合荧光灯光带、内藏组合、发光棚灯、立体广告灯箱、荧光灯光沿等样式；应根据不同安装形式、不同灯管数量、不同几何尺寸、不同灯具的形式等的组合，分别套用定额；

4）几何形状组合艺术灯具：繁星灯、钻石星灯、礼花灯、玻璃罩钢架组合灯、凸片灯、反射柱灯、筒型钢架灯、U 形组合灯、弧形管组合灯等样式；应根据不同固定形式、不同灯具形式的组合，分别套用定额；

5）标志、诱导装饰灯具：应根据不同安装形式的标志灯、诱导灯分别套用定额；

6）水下艺术装饰灯具：简易形彩灯、密封形彩灯、喷水池灯、幻光型灯等样式，应根据装饰灯具示意图集所示，区分不同安装形式，分别套用定额；

7）点光源艺术装饰灯具：筒灯、牛眼灯、射灯、轨道射灯等样式；应根据不同安装形式、不同灯体直径，分别套用定额；

8）草坪灯具：分立柱式、墙壁式，应根据装饰灯具示意图集所示，区分不同安装形式，以"套"计算；

9）歌舞厅灯具：分各种形式的变色转盘灯、雷达射灯、幻影转彩灯、维纳斯旋转彩灯、卫星（飞碟）旋转效果灯、多头转灯、滚筒灯、频闪灯、太阳灯、雨灯、歌星灯、边界灯、射灯、泡泡发生器、迷你满天星彩灯、迷你单立（盘彩灯）、多头宇宙灯、镜面球灯、蛇光管等应根据装饰灯具示意图集所示，区分不同安装形式，以"套"计算。

（7）照明线路附件安装：

1）开关、按钮种类多样，如拉线开关、板式开关、密闭开关、一般按钮等。应区别其安装形式、开关、按钮种类、单控或双控以及明装和暗装等按"套"计算工程量。

2）插座安装定额中列入了普通插座和防爆插座两类，应区别电源相数、额定电流、插座安装形式、插座插孔个数以及明装和暗装，按"套"计算工程量。

3）风扇安装，应区别风扇种类，以"台"计算工程量，定额已包括调速器开关的安装。

4）安全变压器安装，按容量划分档，以"台"计算工程量。至于支架的制作、安装可另列项计算后，套用第二册（篇）第四章相应定额子目。

5）电铃安装，按直径划分档次、以"套"计算。

6）门铃安装，应区别门铃安装形式，以"个"计算。

（八）防雷与接地装置工程量计算

建筑物的防雷接地装置一般由接闪器、引下线和接地装置三部分组成。其作用是将雷电波通过这些装置导入大地，以确保建筑物免遭雷电袭击。图2-13为高层建筑暗装避雷网的安装。其原理是利用建筑物屋面板内钢筋作为接闪器，再将避雷网、引下线和接地装置三部分

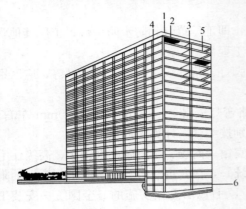

图2-13 框架结构笼式避雷网示意图
1—女儿墙避雷带；2—屋面钢筋；3—柱内钢筋；
4—外墙板钢筋；5—楼板钢筋；6—基础钢筋

组成一个钢铁大网笼，亦称为笼式避雷网。图2-14是高层建筑为防止侧向雷击和采取等电位措施。在建筑物从首层起，每三层设均压环一圈。如果建筑物全部是钢筋混凝土结构时，可将结构圈梁钢筋同柱内充当引下线的钢筋绑扎或焊接作为均压环；当建筑物为砖混结构但

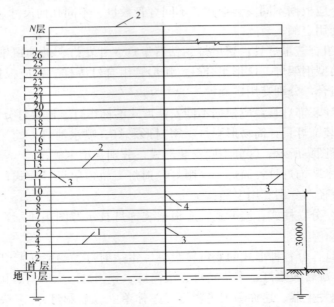

图2-14 高层建筑物避雷带（网或均压环）引下线连接示意图
1—避雷带（网或均压环）；2—避雷带（网）；3—防雷引下线；4—防雷引下线与
避雷带（网或均压环）的连接处

有钢筋混凝土组合柱和圈梁时，均压环的做法同钢筋混凝土结构。若没有组合柱和圈梁时，应每三层在建筑物外墙内敷设一圈φ12mm镀锌圆钢做为均压环，并与所有引下线连接。

防雷接地的三个组成部分，即接闪器（避雷针、避雷网、避雷带）、引下线和接地装置（接地体和接地母线），按照施工工艺的要求，要焊接为一体，形成闭合回路。2000年《全国统一安装工程预算定额》已包括固定避雷网（避雷带）、引下线、接地母线的支持卡子的埋设工作。防雷接地部分可套用第二册（篇）第九章有关定额子目。高层建筑物屋顶的防雷接地装置应执行"避雷网安装"定额，电缆支架的接地线安装可执行"户内接地母线敷设"定额。

（1）避雷针安装根据不同的部位，定额中列入了安装在建筑物上和构筑物上，安装在烟囱及金属容器上等项目。图2-15、图2-16分别为避雷针在山墙上和在屋面上安装大样图。一般避雷针的加工

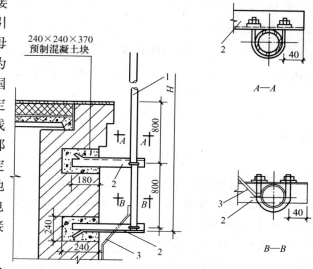

图2-15 避雷针在山墙上安装
1—避雷针；2—支架；3—引下线

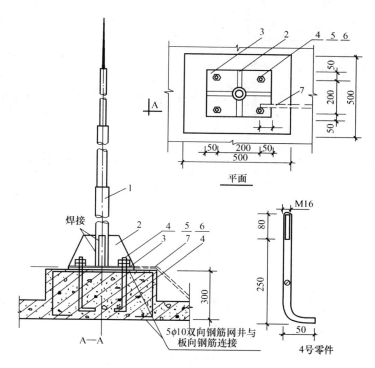

图2-16 避雷针在屋面上安装
1—避雷针；2—肋板；3—底板；4—底脚螺栓；5—螺母；6—垫圈；7—引下线

制作、安装工程量以"根"计算；独立避雷针安装按"基"计算工程量；独立避雷针的加工制作应执行一般铁构件制作项目或按成品计算。半导体少长针消雷装置安装以"套"计算工程量，按设计安装高度分别执行相应定额。装置本身由设备制造厂成套供货。

（2）避雷网安装工程量按"延长米"计算。其计算公式为：

$$避雷网长度 = 按图计算延长米 \times (1+3.9\%) \tag{2-59}$$

式中 3.9%——指避雷网附加长度，即为避绕障碍物、转弯以及上下波动等接头所占长度。

（3）引下线敷设按照所利用的金属导体分别套用相应定额子目，仍以"延长米"计算工程量。其计算式为：

$$引下线长度 = 按图计算延长米 \times (1+3.9\%) \tag{2-60}$$

当工程中利用建（构）筑物主筋作为引下线安装时，可以"m"计算工程量，每一柱子内按焊接两根主筋考虑，如焊接主筋数超过两根时，可按比例调整。

（4）接地体制作安装：

1）接地母线敷设其材料通常采用不小于 $\phi 8$ 的镀锌圆钢或 δ 不小于4mm，截面不小于48mm² 的角钢组合。定额分户内和户外接地母线安装。图2-17即为户内接地母线与户

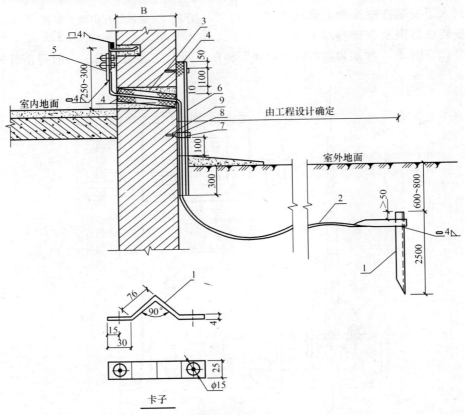

图 2-17 室内接地线与室外接地线连接
1—接地极；2—接地线；3—硬塑料套管；4—沥青麻丝或建筑密封材料；5—断接卡子；6—角钢；
7—卡子；8—塑料胀锚螺栓；9—沉头木螺钉

外接地线的连接示意图。户外接地母线敷设系按自然地坪考虑的，包括地沟的挖填土和夯实工作，遇有石方、矿渣、积水、障碍物等情况时可列项另行计算。其计算式为：

$$接地母线长度 = 按图计算延长米 \times (1 + 3.9\%) \qquad (2-61)$$

2）接地极制作安装以"根"为计量单位。其长度按设计长度计算，设计无规定时，每根长度可按 2.5m 计算未计价材料的价值。但要根据定额规定，以不同土质划分档次分别套用定额。

如果设计有管帽时，管帽另按加工件计算。

（5）接地跨接线安装。当接地母线遇有障碍时，需要跨越，采用接头连接线相接即叫做跨接。接地跨接可按"处"计算工程量。其出现的部位通常是在伸缩缝、沉降缝、吊车轨道、管道法兰盘接缝等处。至于金属线管和箱、盘、柜、盒等焊接的连接线，线管同线管连接管箍之处的连接线，定额已综合考虑，不再计算跨接。图 2-18 即为接地跨接线连接图。

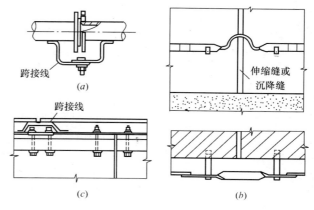

图 2-18 接地跨接线示意图
（a）连接（法兰盘跨接）；（b）跨接线连接（过伸缩缝）；
（c）在钢轨处跨接线连接

（6）均压环敷设以"m"为单位，定额主要考虑利用圈梁内主筋作均压环接地连线，焊接按两根主筋考虑，超过两根时，可按照比例调整。长度按设计需要作均压接地的圈梁中心线长度，以"延长米"计算。

（7）钢、铝窗接地以"处"为单位计量。

（8）高层建筑六层以上的金属窗设计一般要求接地，可按设计规定接地的金属窗数进行设计。

（9）柱子主筋与圈梁以"处"计算，每处按两根主筋与两根圈梁钢筋分别焊接连接考虑，若焊接主筋和圈梁钢筋超过两根时，可按比例调整，需要连接的柱子主筋和圈梁钢筋"处"数按规定设计计算。

（10）断接卡子制作安装以"套"计算。可按设计规定装设的断接卡子数量计算。图 2-19 即为明装引下线时，断接卡子安装图。

（九）电气调试工程量计算

电气调试系统的划分以电气原理系统图为依据，电气设备元件的本体均包括在相应定额的系统调试内，不另行计算，但不包括设备的烘干，以及由于设备元件缺陷造成的更换、修理等，也未考虑因设备元件质量低劣对调试工作造成的影响。定额系按新的合格设备考虑的，如果遇到上述情况，可另行计算。经过修配改或拆迁的旧设备调试，定额乘以系数 1.1。其中各工序的调整费用需单独计算时，可以按照表 2-23 所列比例计算。

电气系统调试套用第二册（篇）第十一章相应定额子目。

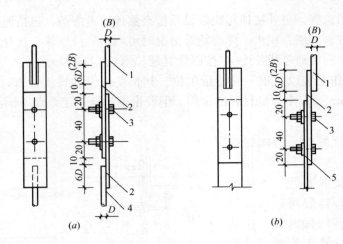

图 2-19 明装引下线时，断接卡子安装图
(a)用于圆钢连接线；(b)用于扁钢连接线
D—圆钢直径；B—扁钢宽度
1—圆钢引下线；2— -25×4 扁钢，L=90×6D 连接板；
3—M8×30 镀锌螺栓；4—圆钢接地线；5—扁钢接地线

电气调试系统各工序的调试费用　　　　　　　表 2-23

项　目 比率（%）工序	发电机调相机系统	变压器系统	送配电设备系统	电动机系统
一次设备本体试验	30	30	40	30
附属高压二次设备试验	20	30	20	30
一次电流及二次回路检查	20	20	20	20
继电器及仪表试验	30	20	20	20

1. 变压器系统调试

以变压器容量（kVA）划分档次，按"系统"计算工程量。且变压器系统调试以每个电压侧一台断路器为准，多出部分按相应电压等级的送配电设备系统调试的相应基价另行计算。干式变压器、油浸电抗器调试，执行相应容量变压器调试定额乘以 0.8 系数。电力变压器如有"带负荷调压装置"，调试定额乘以系数 1.12。三卷变压器、整流变压器、电炉变压器调试按同容量的电力变压器调试定额乘以系数 1.2 计算。

三项电力变压器系统调试工作包括：变压器（TM）、断路器（QF）、互感器（TV、TA）、隔离开关（QS）、风冷及油循环冷却系统装置，一、二次回路调试及变压器空载投入试验等工作。

该系统不包括的工作内容为：避雷器、自动装置、特殊保护装置、接地网调试。上述内容可另列项目后，套相应定额子目。

2. 送配电设备系统调试

送配电设备系统调试，适用于各种送配电设备和低压供电回路的系统调试。定额中列入了交流供电和直流供电两类，以电压等级划分档次，并按"系统"计算工程量。

调试工作包括：自动开关或断路器、隔离开关、常规保护装置、电气测量仪表、电力电缆及一、二次回路系统调试，如图2-20所示。

（1）1kV以下供电送配电设备系统调试，该子目适用于所有低压供电回路。

1）系统划分：凡供电回路中设有仪表（PA、PV、PT、PC、PS等）、继电器（KA、KD、KV、KT、KM等）、电磁开关（接触器KM、起动器QT等，不包括闸刀开关、电度表、保险器），均作为调试系统计算。反之，凡线路中不含调试元件者，均不作为一个独立调试系统计算。如民用楼房的供电，所设的分配电箱只装闸刀或熔断器装置，此时不作为独立单元的低压供电系统。因此，这种供电方式的回路不存在调试，只是回路接通的试亮工作。安装自动空气开关、漏电开关亦不计算调试费。

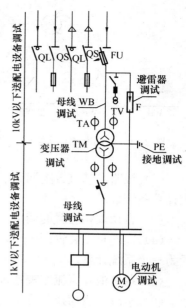

图2-20 电气调试系统示意图

2）单独的电气仪表、继电器安装可执行第二册（篇）第四章"控制、继电保护屏电气、仪表、小母线安装"的相应项目，不计取调试费，所有仪表试验均已包括在系统调试费内，有些不作系统调试的一次仪表，只收取校验费，其费用标准可按校验单位的收费标准计算。

3）送配电调试项目中的1kV以下子目适用于所有低压供电回路，如从低压配电装置至分配电箱的供电回路；但从配电箱至电动机的供电回路已包括在电动机的系统调试的项目之内。

（2）10kV以下送配电设备系统调试，供电系统调试包括系统内的电缆试验、瓷瓶耐压等全套调试工作。供电桥回路中的断路器、母线分段断路器皆作为独立的系统计算调试费。送配电设备系统定额是按一个系统一侧配一台断路器考虑的，若两侧皆有断路器时，则按两个系统计算调试工程量。

3. 特殊保护装置调试

特殊保护装置调试，以构成一个保护回路为一套，其工程量按如下规定计算：

（1）发电机转子接地保护，按全厂发电机共同一套考虑。
（2）距离保护，按设计规定所保护的送电线路断路器台数计算。
（3）高频保护，按设计规定所保护的送电线路断路器台数计算。
（4）零序保护，按发电机、变压器、电动机的台数或送电线路断路器的台数计算。
（5）故障录波器的调试，以一块屏为一套系统计算。
（6）失灵保护，按设置该保护的断路器台数计算。
（7）失磁保护，按所保护的电机台数计算。
（8）变流器的断线保护，按变流器台数计算。
（9）小电流接地保护，按装设该保护的供电回路断路器台数计算。
（10）保护检查以及打印机调试，按构成该系统的完整回路为一套计算。

4. 自动投入、事故照明切换及中央信号装置调试

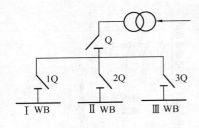

图 2-21 备用电源投入装置

自动投入装置及信号系统调试，包括自动装置、继电器、仪表等元件本身以及二次回路的调试。具体规定如下：

（1）备用电源自动投入装置调试，其系统的划分是按连锁机构的个数来确定备用电源自动投入装置的系统数。例如：一台变压器作为三段工作母线的备用电源时，可计算三个系统的自动投入装置的调试，如图 2-21 所示。

（2）线路自动重合闸调试系统，可按所使用自动重合闸装置的线路中自动断路器的台数计算系统数量。

（3）自动调频装置的调试，以一台发电机为一个系统计算。

（4）同期自动装置调试，区分自动、手动，按设计构成一套能完成同期并车行为的装置为一个系统计算。

（5）蓄电池及直流监视系统调试，一组蓄电池按一个系统计算。

（6）事故照明切换装置调试，按设计能完成交、直流切换的一套装置为一个调试系统计算。

（7）周波减负荷装置调试，凡有一个周波继电器，不论带几个回路，均按一个调试系统计算。

（8）变送器屏以屏的个数计算。

（9）中央信号装置调试，可按每一个变电所或配电室为一个调试系统计算工程量。

5. 母线系统调试

母线系统调试可按电压等级划分档次，以"段"计算工程量。其系统的划分定额规定，3~10kV 母线系统调试含一组电压互感器，1kV 以下母线系统调试定额不含电压互感器，适用于低压配电装置的各种母线（包括软母线）的调试。

以（TV）为一个系统计算的，其调试工作内容包括：

母线耐压试验、接触电阻测量、电压互感器、绝缘监视装置的调试。不包括特殊保护装置、以及 35kV 以上母线和设备的耐压试验。

1kV 以下母线系统调试定额，适用于低压配电装置母线及电磁站的母线。而不适用于动力配电箱母线，动力配电箱至电动机的母线已经综合考虑在电动机调试定额中。

6. 防雷接地装置调试

防雷接地装置调试可按"组"或者"系统"计算工程量。组和系统的划分如下：

（1）接地极不论是由一根或两根以上组成的，均作为一次试验，计算一组调试费用。如果接地电阻达不到要求，再打一根接地极时，要再做试验，则可另计一次试验费，即再计算一组调试费。

（2）接地网接地电阻的测定。一般的发电厂或变电站连为一体的母网，按一个系统计算；自成母网不与厂区母网相连的独立接地网，另按一个系统计算。大型建筑群各有自己的接地网（接地电阻值设计有要求），虽然在最后也将各接地网连在一起，但应按各自的接地网计算，不能作为一个网，具体应按接地网的实验情况而定。

（3）避雷器及电容器的调试，可按每三相为一组计算工程量；单个装设的亦按一组计算，上述设备如设置在发电机、变压器、输、配电线路的系统或回路内，可按相应定额另计调试费用。

（4）避雷针接地电阻测定，每一避雷针均有单独接地网（包括独立的避雷针，烟囱避雷针等），均按一组计算。

（5）独立的接地装置按"组"计算。如一台柱上变压器有一独立的接地装置，即可按一组计算。

（6）高压电气除尘系统调试，可按一台升压变压器、一台机械整流器及附属设备为一个系统计算，分别按除尘器"m^2"范围执行定额。

7. 硅整流装置调试

按一套硅整流装置为一个系统计算。

8. 电动机调试

（1）普通电动机的调试，分别按电机的控制方式、功率、电压等级，以"台"计算。

（2）可控硅调速直流电动机调试以"系统"计算，其调试内容包括可控硅整流装置系统和直流电动机控制回路系统两个部分的调试。

（3）交流变频调速电动机调试以"系统"计算，其调试内容包括变频装置系统和交流电动机控制回路系统两个部分的调试。

（4）微型电机指功率在 0.75kW 以下的电机，不分类别以及交、直流，一律执行微电机综合调试定额，以"台"为计量单位。电机功率在 0.75kW 以上的电机调试应按电机类别和功率分别执行相应的调试定额。

（十）电梯电气安装工程量计算

电梯电气安装工程量执行第二册（篇）第十四章"电梯电气装置"定额。该定额已包括程控调试。但不包括电源线路以及控制开关、电动发电机组安装、基础型钢和钢支架制作、接地极与接地干线敷设、电气调试、电梯喷漆、轿箱内的空调、冷热风机、闭路电视、步话机、音响设备、群控集中监视系统以及模拟装置等内容。

（1）交流手柄操纵或按纽控制（半自动）电梯电气安装工程量，应区别电梯层数、站数，以"部"计算。

（2）交流信号或集选控制（自动）电梯电气安装的工程量，可区别电梯层数、站数，以"部"计算。

（3）直流信号或集选控制（自动）快速电梯电气安装工程量，应区别电梯层数、站数，以"部"计算。

（4）直流集选控制（自动）高速电梯电气安装工程量，应区别电梯层数、站数，以"部"计算。

（5）小型杂物电梯电气安装工程量，应区别电梯层数、站数，以"部"计算。

（6）电梯增加厅门、自动轿箱门及提升高度的工程量，应区别电梯形式、增加自动轿箱门数量、增加提升高度，分别以"个"、"延长米"计算。

五、建筑电气弱电安装工程量的计算

建筑弱电是建筑电气工程的重要组成部分。之所以称为弱电，是针对建筑物的动力、照明用电而言，人们通常将动力、照明等输送能量的电力称为强电；而将传输信号、进行信息交换的电能称为弱电。强电系统引入电能进入室内，再通过用电设备转换成机械能、热能和光能等。可是弱电系统则要完成建筑物内部以及内部同外部的信息传递和交流。作为一个日益复杂的建筑弱电工程，可谓是一个集成系统，功能越来越多。目前建筑弱电系统主要有：电话通信系统、共用天线电视系统、有线广播音响系统、安全防范系统等。现行《全国统一安装工程预算定额》对于弱电工程部分未单独颁布相应定额子目。在使用中，可采用强电定额相应子目套用，若定额没有的项目则可借用地方定额使用。

（一）室内电话管线工程量计算

根据专业的划分，建筑安装单位通常只作室内电话管线的敷设，安装电话插座盒、插座。而电话、电话交换机的安装以及调试等工作原则上由电讯工程安装单位施工。

1. 电话室内交接箱、分线盒、壁龛（端子箱、分线箱、接头箱）的安装

（1）交接箱，对于不设电话站的用户单位，可以用一个箱同市话网站直接连接，再通过箱的端子分配到单位内部分线箱或分线盒中去，此箱就称为"交接箱"。安装时可采用明装或暗装形式。以"个"计算工程量，按电话对数分档，箱、盒计算未计价价值。

（2）壁龛，室内电话管线进入用户，或须转折、过墙、接头时采用分线箱（端子箱、接头箱）如为暗装时即称为壁龛。其箱体材料可用木质、铁质制做。

对于装设电话对数较少的盒称为接线盒或分线盒。壁龛、分线盒的安装按"个"计算。

2. 电话管线敷设

电话管线敷设分明敷、暗敷，按管径大小和管材分类以"m"计算。定额可按《全国统一安装工程预算定额》第二册或地方定额篇《电气设备安装工程》的第十二章配管配线工程执行。接线盒与分线盒的计算方法同动力照明线路。

如为沿墙布放双芯电话线时，工程量计算方法同照明、动力线路。如果采用电话电缆明敷，可套用定额第二册（篇）第十二章"塑料护套线明敷"子目。

3. 话机插座安装

电话机插座无论接线板式、插口式等，不分明、暗，一律按"个"计算。但应计算一个插座盒的安装。插座安装定额可套用第二册（篇）第十三章相应子目。插座盒安装套用第二册（篇）第十二章相应子目。

（二）共用天线电视系统（CATV）工程量计算

共用天线电视系统是由一组室外天线，通过输送网络的分配将许多用户电视接收机相连，传送电视图像、音响的系统，简称CATV系统。

1. 天线架设

（1）CATV天线架设可按"套"计算。其工作内容包括：开箱检查、搬运、清洁、安装就位、调试等。天线的未计价材料包括天线本身、底座、天线支撑杆、拉线、避雷装置等。

天线安装架设如图2-22所示。

（2）卫星接收抛物面天线安装，可按直径分档次，以"副"计算。其工作内容包括：天线和天线架设场内搬运、吊装、安装就位、调正方位及俯仰角、补漆、安装设备等。抛物面天线的未计价材料包括：天线架底座一套、底座与天线自带架加固件一套、底座与地面槽钢加固件一套。

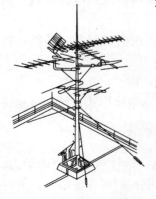

图 2-22 天线安装图

抛物面天线调试按"副"计算。

2. 天线放大器（或称前置放大器）及混合器安装

适宜安装在天线杆上，距天线1.5～2.0m。它是密封的，能防风雨。放大器的电源在室内前端设备中，电源线就是用射频同轴电缆，这种电缆能兼容工频电流和射频电流。其工程量按"个"计算。

3. 天线滤波器安装

天线滤波器安装以"个"计算。

4. 主放大器、分配器、分支器等安装

插座或终端分支器工程量按"个"计算。

共用天线电视系统中定额里列有各种单项器件的安装，除天线放大器、混合器外，还有二分配器、四分配器、二分支器、四分支器、宽频放大器、用户插座等项。其工程内容均包含本体安装、接线、调试等。其单项器件的安装均以"个"计算工程量，适用于各种盘面的安装。如果在保护箱内安装，其箱体的制作安装费用可套用其他章节的子目。

5. 用户共用器安装

用户共用器属于CATV系统的前端设备，通常由高、低频衰减器各一个；高、低频放大器各一个；稳压电源一个；混合器一个；四分配器一个等组成，安装在一个箱内。其安装方式分明装或暗装，暗装时应计算一个接线箱的安装，其方法和定额套用与照明线路相同。如果用户共用器由现场加工，所列工程量计算项目有：

（1）电器元件计算一次安装；

（2）计算箱体制作；

（3）计算箱体安装；

（4）计算箱内配线。

6. 同轴电缆敷设

同轴电缆敷设按"m"计算。无论明敷、暗敷均与动力或照明线路的计算方法相同。

如果为穿管敷设可以按管内穿线工程量计算，套用配管、配线定额相应子目；如果在钢索上敷设，工程量计算、列项以及套定额同照明线路在钢索上敷设相同。

7. CATV系统中的箱、盒、盘、板等的制作、安装工程量计算与套用定额

CATV系统中的箱、盒、盘、板等工程量的计算方法同定额的套用可参照第二册（篇）有关子目。

8. CATV系统调试

CATV系统调试指调试接收指标，除天线等调试以外，可以用户终端为准，按"户"计算工程量。

（三）有线广播音响系统工程量计算

建筑物的广播系统包括：有线广播、舞台音乐、背景音乐、扩声系统等，如图2-23所示。

（1）广播线路配管安装，其安装方式分明装和暗装两种，工程量计算方法和套用定额均与第二册（篇）照明、动力配管相同，但是要注意分线盒的安装和计算。

（2）广播线路的明敷、穿管敷设、槽板敷设其计算方法和定额的套用均与第二册（篇）的照明、动力线路敷设相同。

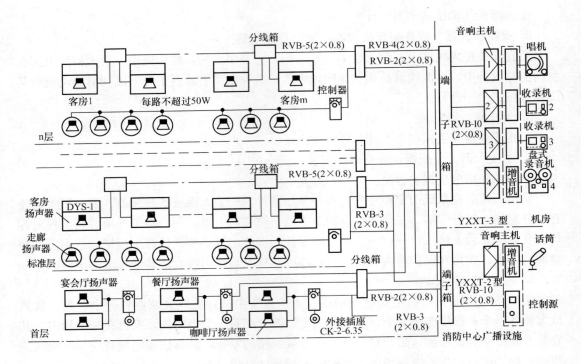

图 2-23 音频传输背景音乐与火灾广播系统图

(3) 广播线路中的箱、盒、盘、板的制作和安装,其工程量的计算方法和定额的套用均与第二册(篇)动力、照明工程相同。

(4) 广播设备安装,按设备容量分档次,以"套"计算工程量。

(5) 扩音转接机安装,按"部"计算工程量。

(6) 扬声器安装,无论是何种形式,其安装工程量一律按"个"计算工程量。

(7) 扩音柱安装,按"部"计算。

(8) 电子钟安装和调试,按"只"、"台"计算。

(9) 线间变压器安装按"个"计算。

(10) 端子箱安装,按"台"计算。套用第二册(篇)第四章相应子目。

(四) 建筑火灾自动报警及自动消防系统工程量计算

该系统组成主要由报警系统、防火系统、灭火系统和火警档案管理四个部分。其火灾消防系统示意如图 2-24 所示。其配管配线工程量按图纸计算,无论是明敷或暗敷的计算与定额的套用方法,均与第二册(篇)"动力和照明线路"有关子目相同。

(1) 火灾探测器安装:点型探测器按线制的不同分为多线制与总线制、不分规格、型号、安装方式和位置,以"只"计算。探测器安装包括了探头和底座的安装和本体调试。红外线探测器均按"只"计算工程量,定额套用第七册(篇)《消防及安全防范设备安装工程》定额有关子目。红外线探测器是成对使用的,计算工程量时,一对为两只。定额中包括了探头支架安装和探测器的调试、对中。

火焰探测器、可燃气体探测器按线制的不同分为多线制和总线制两种,计算时不分规格、型号、安装方式与位置,以"只"计量。探测器安装包括了探头和底座的安装以及本

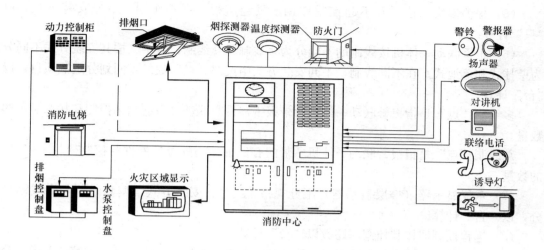

图 2-24　火灾灭火系统联动示意图

体调试。

线形探测器的安装方式按环绕、正弦以及直线综合考虑，不分线制以及保护形式，以"m"计算。定额中未包括探测器连接的一只模块和终端，其工程量可按相应定额另行计算。定额套用第七册（篇）有关子目。

（2）火灾自动报警装置安装。

1）区域火灾报警控制器安装。其安装方式形式一般有台式、壁挂式、落地式几种，壁挂式采用明装，安装在墙上时，底距地（楼）面不小于 1.5m，门、窗框边不小于 25cm。按线制的不同分多线制和总线制两种，在不同线制、不同安装方式中，按照"点"数的不同划分定额项目，以"台"计算。定额套用第七册（篇）有关子目。如果设在支架上，则另外计算支架工程量，并且分别套用第二册（篇）第四章"一般铁构件制作、安装"定额子目。其多线制"点"是指报警控制器所带报警器件（探测器、报警按钮等）的数量。总线制"点"是指报警控制器所带的有地址编码的报警器件（探测器、报警按钮、模块等）的数量。如果一个模块带数个探测器，则只能计为一点。

2）联动控制器按线制的不同分多线制和总线制两种，其中又按安装方式不同分壁挂式和落地式。在不同线制、不同安装方式中按照"点"数的不同划分定额项目，以"台"计算。

多线制"点"是指联动控制器所带联动设备的状态控制和状态显示的数量。总线制"点"是指联动控制器所带的有控制模块（接口）的数量。定额套用第七册（篇）有关子目。因落地式较多，故采用型钢做基础。定额分别套用第二册（篇）第四章"一般铁构件制作、安装"定额子目。

（3）按钮包括消火栓按钮、手动报警按钮、气体灭火起停按钮，以"只"计算。定额是按照在轻质墙体和硬质墙体上安装两种方式综合考虑，安装方式不同时，不得调整。

（4）控制模块（接口）是指仅能起控制作用的模块（接口），亦称为中继器，依据其给出控制信号的数量，分为单输出和多输出两种形式。不分安装方式，可按输出数量以"只"计算。

(5) 报警模块（接口）不起控制作用，只起监视、报警作用，不分安装方式，以"只"计算。

(6) 报警联动一体机按线制的不同分为多线制和总线制，其中又按其安装方式不同分为壁挂式和落地式。在不同线制、不同安装方式中按照"点"数的不同划分定额项目，以"台"计算。

多线制"点"是指报警联动一体机所带报警器件与联动设备的状态控制和状态显示的数量。

总线制"点"是指报警联动一体机所带的有地址编码的报警器件与控制模块（接口）的数量。

(7) 重复显示器（楼层显示器）不分规格、型号、安装方式、按总线制与多线制划分，以"台"计算。

(8) 远程控制器按其控制回路数以"台"计算。

(9) 火灾事故广播中的功放机、录音机的安装按柜内以及台上两种方式综合考虑，分别以"台"计算。

(10) 消防广播控制柜是指安装成套消防广播设备的成品机柜，不分规格、型号以"台"计算。

(11) 火灾事故广播中的扬声器不分规格、型号，按吸顶式与壁挂式以"只"计算。

(12) 广播分配器是指单独安装的消防广播用分配器（操作盘），以"台"计算。

(13) 消防通信系统中的电话交换机按"门"数不同以"台"计算；通信分机、插孔是指消防专用电话分机与电话插孔，不分安装方式，分别以"部"、"个"计算。

(14) 报警备用电源综合考虑了规格、型号，以"台"计算。

(15) 消防中心控制台、自动灭火控制台、排烟控制盘、水泵控制盘等安装，套用定额第二册（篇）有关子目，即非标准箱、屏、台等制作、安装子目。

(16) 消防系统调试包括：自动报警系统、水灭火系统、火灾事故广播、消防通信系统、消防电梯系统、电动防火门、防火卷帘门、正压送风阀、排烟阀、防火阀控制装置、气体灭火系统装置。

1) 自动报警系统包括各种探测器、报警按钮、报警控制器组成的报警系统，分别不同点数以"系统"计算。其点数按多线制与总线制报警器的点数计算。

2) 水灭火系统控制装置按照不同点数以"系统"计算。其点数按多线制与总线制联动控制器的点数计算。

3) 火灾事故广播、消防通信系统中的消防广播喇叭、音箱和消防通信的电话分机、电话插孔，按其数量以"个"计算。

4) 消防用电梯与控制中心间的控制调试以"部"计算。

5) 电动防火门、防火卷帘门指可由消防控制中心显示与控制的电动防火门、防火卷帘门，以"处"计量，每樘为一处。

6) 正压送风阀、排烟阀、防火阀以"处"计算，一个阀为一处。

(17) 安全防范设备安装

1) 设备、部件按设计成品以"台"或"套"计算。

2) 模拟盘以"m^2"计算。

3) 入侵报警系统调试以"系统"计算,其点数按实际调试点数计算。
4) 电视监控系统调试以"系统"计算,其头尾数包括摄像机、监视器数量之和。
5) 其他联动设备的调试已考虑在单机调试中,其工程量不再另计。

(五) 高层建筑电子联络系统安装工程量计算

随着现代化高层建筑和超高层建筑的日益增多,尤其是智能住宅小区的开发建设,楼宇的安全防范系统越来越复杂。可采用安全电子联络系统。在高层建筑电子联络系统中,可分为传呼系统和"直接对讲系统"。"直接对讲系统"又可分为"一般对讲系统"和"可视对讲系统"。在楼宇内"传呼系统"需设置值班员,通过"呼叫主机"再接通"用户应答器"即可对话。如图 2-25 所示为高层住宅电子传呼对讲系统接线图;直接对讲系统,来客可直接按动主机面板的对应房号,主人的户机会发出振动铃声,双方对讲之后,主人通过户机开启楼层的大门,客人方可进入。可视对讲系统是当客人按动主机面板对应房号时,主人户机会发出振动铃声,而显示屏自动打开,显示出客人的图像,主人同客人对讲并确定身份后,主人可通过户机开锁键遥控大门的电控锁打开大门,客人进入大门后,闭门器就将大门自动关闭并锁好。如图 2-26 所示为一楼宇可视对讲系统示意图。

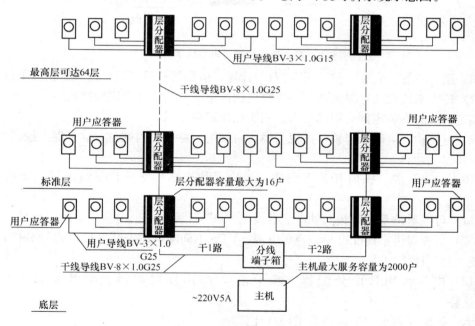

图 2-25 高层住宅电子传呼对讲系统接线图

(1) 传呼(呼叫)主机安装,传呼主机通常安装在工作台上;而呼叫系统(不设值班员)的主机一般挂于墙上(明装)或墙上暗装。其安装工程量可按"台"或"套"计算。在《全国统一安装工程预算定额》未颁布的情况下,可借用照明配电箱子目。

(2) 主机电源插座,按"套"计算,套用第二册(篇)有关定额子目。

(3) 主机同端子箱连接的屏蔽线,应考虑接入主机的预留长为主机的半周长以及与端子箱连接端预留 1m。

(4) 端子箱安装,不分明、暗均以"台"计算。套用第二册(篇)第四章相应子目。

(5) 层分配器、广播分配器的安装,按"台"计算,可套用第七册(篇)定额相应子目。

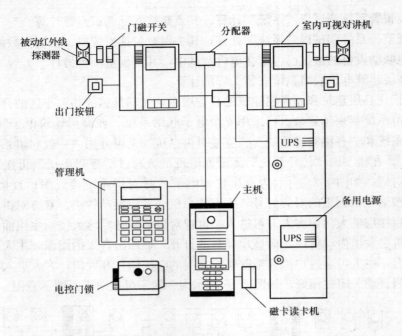

图 2-26 楼宇可视对讲系统示意图

(6) 用户应答器安装,按"只""台"计算,借用第七册(篇)扬声器相应子目。

(7) 传呼系统调试,单机调试和系统调试按第十三篇第九章定额执行。

(8) 管线的安装定额套用同动力、照明配线定额子目。

(9) 电控锁、电磁吸力锁、可视门镜、自动闭门器、密码键盘、读卡器、控制器等安装可按"台"计算。

(10) 门磁开关、铁门开关等安装,无论何种规格、型号和安装位置,均按"套"计算。

(11) 可视对讲系统射频同轴电缆敷设按"m"计算。

(12) 可视对讲系统配电柜、稳压电源、UPS 不间断电源安装(以电容量分档)安装等均按"台"计算。

(13) 当不采用楼层分配器(端子箱),而用楼层解码板时其安装工程量按"套"计算。

(六) 智能三表出户系统安装工程量计算

高层住宅中,为便于物业管理和用户的需要而设置的三种表(冷水、热水和中水表;电度表和气表)称为智能三表出户系统。如图 2-27 所示为某高层住宅标准层三种表出户系统和可视对讲系统图。

(1) 三表出户系统中配管、配线安装计算方法和定额套用同动力照明系统相同。

(2) 三表住户管理器安装工程量按"台"计算,另列一个暗接线盒或暗接线箱安装项目。

(3) 智能三表(水表、电表、气表)安装分别采用先进的脉冲式表,并在表中附加一块微型程序控制器,整个系统便会具备小型数据库功能,对三表的用户用(水、电、气)量可录入、排序、分类、并具抄表、计费、打印的输出功能。三表按"个"计算(远传

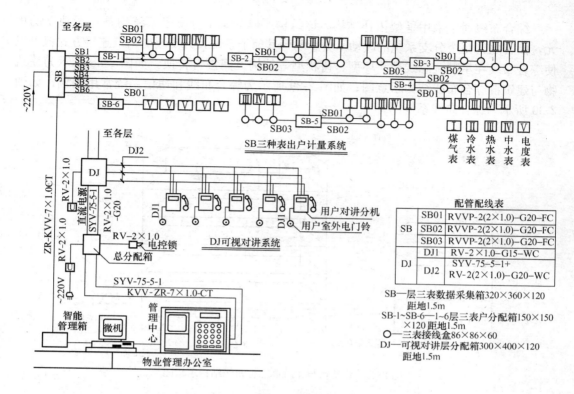

图 2-27 某高层住宅标准层三种表出户系统及可视对讲系统

冷/热水表、远传脉冲电表、远传煤气表的安装,套用第十三篇定额《建筑智能化系统设备安装工程》第四章"建筑设备监控系统安装工程"的多表远传系统相应子目)。每个表计一个暗接线盒安装项目,套用第十三篇或第二篇定额相应项目。

(4) 层分配器(箱)、户分配器(箱)安装按"个"计算,同时还要列端子板外接线项目,按"10 头"计算。

(七) 综合布线系统安装工程量计算

智能建筑是信息时代的产物,综合布线是智能建筑的中枢神经系统。智能建筑系统功能设计的核心是系统集成设计,智能建筑物内信息通信网络的实现,是智能建筑系统功能上系统集成的关键。智能化建筑通常具有的四大主要特征是:建筑物自动化(BA)、通信自动化(CA)、办公自动化(OA)和布线综合化(GC)。智能建筑与综合布线之间的关系是:综合布线是智能建筑的一部分,像一条高速公路,可统一规划、统一设计、将连接线缆综合布置在建筑物内。人们定义综合布线为具有模块化的、灵活性极高的建筑物内或建筑群之间的信息传输通道,是智能建筑的"信息高速公路"。它即可使语音、数据、图像设备和交换设备与其他信息管理系统相互连接,亦可使设备与外部通信网相互连接。综合布线的组成内容包括连接建筑物外部网络或电信线路的连线与应用系统设备之间的所有线缆以及相关的连接部件。该部件包括:传输介质、相关连接硬件(配线架、连接器、插座、插头、适配器)以及电气保护设备等。综合布线采用模块化结构时,可按照每个模块的作用,划分为 6 个部分,即设备间、工作区、管理区、水平子系统、干线子系统和建筑群干线子系统。以上又可概括为一间、二区和三个子系统。

综合布线通常采用星型拓扑结构。该结构所属的每个分支子系统均是相对独立的单元，换言之，每个分支系统的改动不会影响到其他子系统，只要改变结点连接方式就可以使综合布线在星型、总线型、环型、树状型等结构之间进行转换。如图 2-28 所示为建筑物与建筑群综合布线结构示意图；如图 2-29 所示为综合布线和通信系统常用图例；如图 2-30 所示为综合布线系统图。

水平子系统
管理区
工作区
干线子系统
铜缆
光缆
建筑群干线子系统
设备间

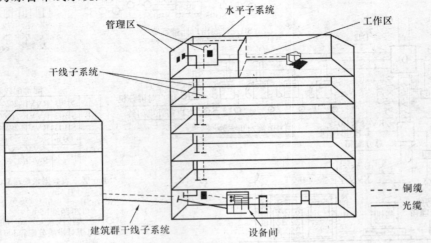

图 2-28　建筑物与建筑群综合布线结构示意图

1.
CD
建筑群配线架
5.
HUB
集线器或网络设备
9.
A B
架空交接箱 A: 编号 B: 容量
13.
电信插座一般符号
17.
传真机一般符号
2.
BD
主配线架或MDF
6.
LIU
光缆配线设备（配线架）
10.
A B
落地交接箱 A: 编号 B: 容量
14.
电话出线盒
18.
计算机
3.
FD
楼层配线架或IDF
7.
TO
信息插座
11.
A B
壁龛交接箱 A: 编号 B: 容量
15.
电话机一般符号
4.
PBX
程控交换机
8.
综合布线接口
12.
A B
墙挂交接箱 A: 编号 B: 容量
16.
按键式电话机

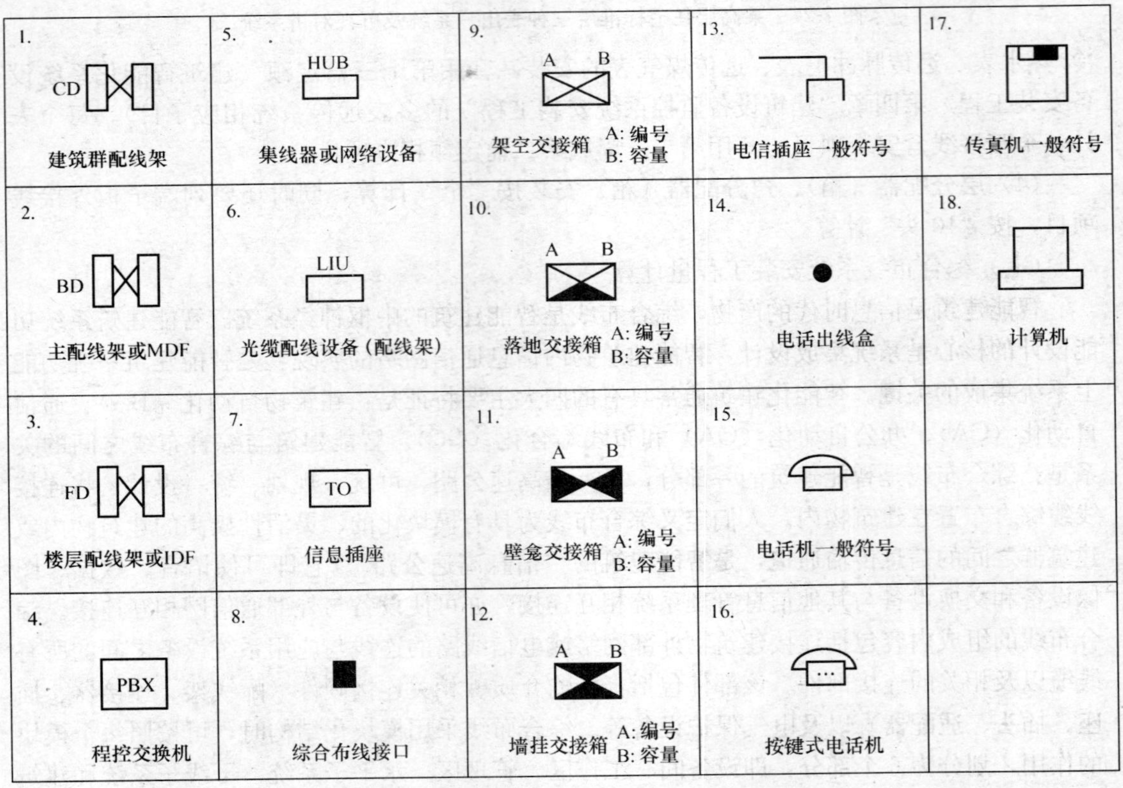

图 2-29　综合布线和通信系统常用图例

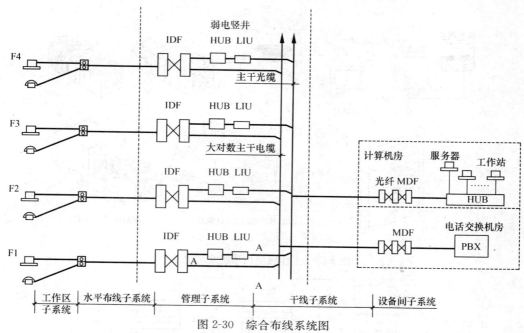

图 2-30 综合布线系统图

注：1. 电话机房，计算机房已定位；
2. 水平布线及信息插座为全五类，投资稍高一些，但使用非常灵活。

1. 综合布线系统组成

（1）设备间：设备间是楼宇放置综合布线线缆和相关连接硬件以及应用系统的设备的场地。通常设在每幢大楼的第二或第三层。包括建筑物的入口区的设备或防雷电保护装置以及连接到符合要求的建筑物接地装置。

设备间主要设备有：电信部门的市话进户电缆、中继线、公共系统设备如程控电话交换主机（PBX）、计算机化小型电话交换机（CBX）、计算机主机等。

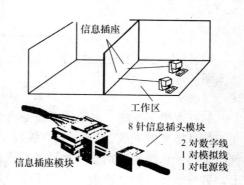

图 2-31 工作区

设备间的硬件主要由线缆（光纤缆、双绞电缆、同轴电缆、一般铜芯电缆）、配线架、跳线模块以及跳线等构成。

（2）工作区：放置应用系统终端设备的区域称为工作区。由终端设备连接到信息插座的连线（或接插软线）组成。采用接插软线在终端设备和信息插座之间搭接，如图 2-31 所示。

各终端设备通常有：电话机、计算机、传真机、电视机、监视器、传感器和数据终端等，如图 2-32 所示。

（3）管理区：管理区在配线间或设备间的配线区域，采用交连和互连等方式来管理干线子系统和水平子系统的线缆。相当于电话系统中的层分线箱或分线盒作用，如图 2-33 所示。

管理区主要设备有：配线设备（双绞线配线架、光纤缆配线架）以及输入输出设备等组成。管理子系统安装在配线间中，通常安装在弱电竖井中，如图 2-33 所示。

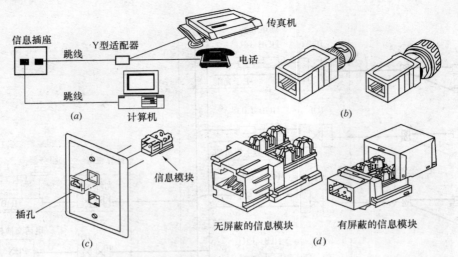

图 2-32 工作区应用系统终端设备

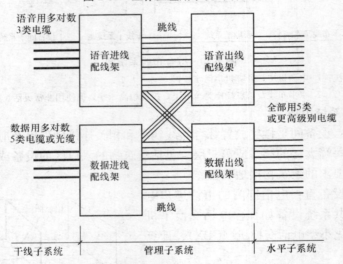

图 2-33 管理区

（4）水平子系统：水平子系统是将干线子系统经楼层配线间的管理区连接到工作区之间的信息插座的配线（3类、5类线）、配管、配线架以及网络设备等的组合体。水平子系统与干线子系统的区别是：水平子系统总处在同一楼层上。线缆一端接在配线间的配线架上，另一端接在信息插座上。而干线子系统总是位于垂直的弱电间，如图 2-34 所示。

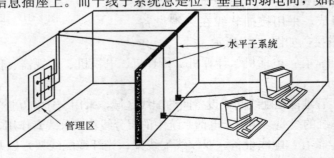

图 2-34 水平子系统

(5) 干线子系统：干线子系统是由设备间和楼层配线间之间的连接线缆组成。多采用大对数双绞电缆或光纤缆、同轴电缆等。两端分别接在设备间和楼层配线间的配线架上，如图 2-35 所示。

(6) 建筑群干线子系统：建筑群干线子系统是由连接各建筑物之间的线缆和相应配线设备等组成的布线系统。建筑群综合布线所需要的硬件包括：铜芯电缆、光纤缆、双绞电缆以及电气保护设备。建筑群干线子系统通常所涉及的设备有：电话、数据、电视系统装置及进入楼宇处线缆上设置的过流、过压的继电保护设备等。综合布线的各子系统与应用系统的连接关系，如图 2-36 所示。

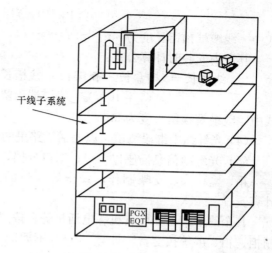

图 2-35 干线子系统

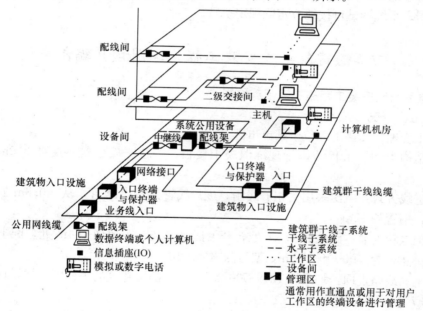

图 2-36 综合布线的各子系统与应用系统的连接关系

2. 综合布线系统工程量计算

(1) 入户线缆敷设：无论采用架空、直埋或电缆沟内敷设，其安装工程量分别以线缆芯数分档，均按"m"计算。

(2) 光纤缆、同轴电缆等安装，以沿槽盒、桥架、电缆沟和穿管敷设和线缆线芯分类，按"延长米"计算。

(3) 双绞、多绞线缆安装（不论 3 类、5 类线），根据屏蔽和非屏蔽（STP、UTP）分类以缆线芯数分档，按"延长米"计算。其入户时计算公式为：

线缆长＝(槽盒长＋桥架长＋线槽长＋沟道长)

$$\times(1+10\%)+线缆端预留长度 \tag{2-62}$$

式中　线缆端预留长度为 5m。

其室内安装时计算公式：

$$线缆长=(槽盒长+桥架长+线槽长+沟道长+配管长+引下线管长) \\ \times(1+10\%)+线缆端预留长度 \tag{2-63}$$

式中　线缆端预留长度为 5m。

(4) 光纤缆中继段测试，以电话线路里的中继段为计算依托，按"段"计算。

(5) 光纤缆信息插座以单口、双口分档，按"个"计算。

箱、盒、头、支架制作、安全等项目的工程计量与定额套用同电缆敷设分部工程计算。

其余终端设备如传真机、电话机等多按"台"、"部"等计算。线路电源如配电电源控制柜、箱、屏等按"台"计算。UPS 不间断电源安装按"个"计算。线路设备如插头、插座、适配器、中转器等均按"个"计算。信息插座模块安装按"块"计算。综合布线系统、防雷与接地保护系统、屏蔽与防静电接地系统等应分开计算，其计算方法同强电防雷与接地相同。系统调试可按地方定额规定执行。

第四节　建筑电气安装工程施工图预算编制案例

一、电气照明安装工程施工图预算编制

(一) 工程概况

(1) 工程地址：该工程位于某市市区。

(2) 结构类型：工程结构为现浇混凝土楼板，一楼一底建筑，层高 3.2m，女儿墙 0.9m 高。

(3) 进线方式：电源采用三相五线制，进户线管为 G32 钢管，从 －0.8m 处暗敷至底层配电箱，钢管长 12m。

(4) 配电箱安装在距地面 1.8m 处，开关插座安装在距地面 1.4m 处。配电箱的外形尺寸（高＋宽）为 (500＋400)mm，型号为 XMR-10。

(5) 平面线路走向：均采用 BLV-500-2.5mm^2。两层建筑的平面图一样，详细尺寸如平面图 2-37。

(6) 避雷引下线安装：－25×4 镀锌扁钢暗敷在抹灰层内，上端高出女儿墙 0.15m。下端引出墙边 1.5m，埋深 0.8m。

(二) 采用定额及取费标准

施工单位为某国营建筑公司，工程类别为三类。采用 2000 年《全国统一安装工程预算定额》，和某市现行材料预算价格或部分双方认定的市场采购价格。

合同中规定不计远地施工增加费和施工队伍迁移费。

(三) 编制方法

(1) 在熟读图纸、施工方案以及有关技术、经济文件的基础上，计算工程量。注意从配电箱出线为 4mm^2，经过楼板后，使用接线盒，之后再改为 2.5mm^2 的导线。工程量计算表见表 2-24。

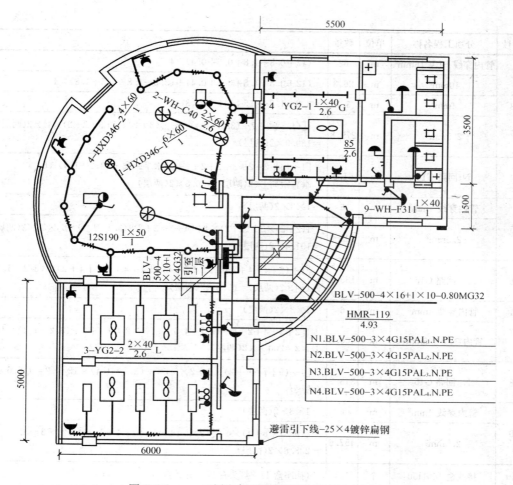

图 2-37 一、二层电气照明平面图 1:100（mm）

(2) 汇总工程量，见表 2-25。

(3) 套用现行《全国统一安装工程预算定额》，进行工料分析，工程计价表见表 2-26。

(4) 各地区可结合建设部建标［2003］206 号文精神，按照相应计费程序表计算直接工程费以及各项费用（略）。

(5) 写编制说明（略）。

(6) 自校、填写封面、装订施工图预算书。

工程量计算表　　　　　　　　　　　　　　　　　　　　　　　　　表 2-24

单位工程名称：某建筑电气照明工程　　　　　　　　　　　　　共　页　第　页

序号	分项工程名称	单位	数量	计　算　式
1	进户管 G32	m	17.3	12(进户)+0.8(埋地)+1.8(一层)+(3.2−1.8−0.5+1.8)(一～二层)=17.3
2	N_1 回路 G15	m	85	［1+(4.5+3+2+7+7+3+2+2)水平距离+(3.2−1.4)×6 垂直距离］×2(两层)=42.5×2(两层)

续表

序号	分项工程名称	单位	数量	计 算 式
3	管内穿线 BLV 16mm^2	m	62	$(12+0.8+1.8+0.5+0.4)\times 4$
	10mm^2	m	26.3	$(12+0.8+1.8+0.5+0.4)+(3.2-1.8-0.5+1.8)\times 4$
	4mm^2	m	5.7	$3.2-1.8-0.5+1.8+1\times 3$
	2.5mm^2	m	279.8	$\{[(4.5+3+7+(3.2-1.4)\times 6)]\times 3+(2+7+3+2+2)\times 4\}\times 2$(两层) $=139.9\times 2$(两层)
4	N$_2$ 回路 G15	m	61.6	$[1+(4+2+2+3+2+2+2+2)$水平距离$+(3.2-1.4)\times 6$ 垂直距离$]\times 2$(两层)$=30.8\times 2$(两层)
	管内穿线 4mm^2	m	6	$1\times 3\times 2$(两层)
5	2.5mm^2	m	202.8	$\{(2+2)\times 5+(2+2)\times 4+[4+3+2+2+(3.2-1.4)\times 6]\times 3\}\times 2$(两层) $=101.4\times 2$(两层)
6	N$_3$ 回路 G15	m	135.6	$[1+(2+4+4+2+6+1+7+4.5+4+4+2.5+4+2)+(3.2-1.4)$ $\times 11]\times 2$(两层)$=67.8\times 2$(两层)
	管内穿线 4mm^2	m	6	$1\times 3\times 2$(两层)
7	管内穿线 2.5mm^2	m	400.8	$\{[2+4+4+2+6+1+7+4.5+4+4+2.5+4+2+(3.2-1.4)\times 11]$ $3\}\times 2=200.4\times 2$(两层)
8	N$_4$ 回路 G15	m	313.2	$[1+(9+7+6+2)\times 5+2\times 5+4+(3.2-1.4)\times 12]\times 2=156.6\times 2$ (两层)
	管内穿线 4mm^2	m	6	$1\times 3\times 2$(两层)
9	2.5mm^2	m	457.6	$\{(9+7+6+4)\times 4+[(2\times 5+2\times 5)+(3.2-1.4)\times 12]\times 3\}\times 2$ $=228.8\times 2$(两层)
10	接线盒 146H50	个	144	(插座盒 11+灯头盒 36+开关盒 25)$\times 2=144$
11	配电箱 XMR-10	台	2	1×2(两层)
12	吊风扇安装	台	10	5×2(两层)
13	双管日光灯	套	12	6×2(两层)
14	单管日光灯	套	8	4×2(两层)
15	半圆球吸顶灯	套	18	9×2(两层)
16	艺术灯安装(HXD346)	套	10	5×2(两层)
17	牛眼灯安装	套	24	12×2(两层)
18	单联暗开关	套	40	20×2(两层)
19	暗装插座	套	22	11×2(两层)
20	壁灯安装	套	4	2×2(两层)
21	调速开关安装	个	10	5×2(两层)
22	避雷引下线—25$\times$4	m	18	9×2
23	预留线 BLV4mm^2	m	3.6	$(0.5+0.4)\times 4$

工程量汇总表

表 2-25

单位工程名称：某建筑电气照明工程

序号	分项工程名称	单位	数量	备注
1	照明配电箱安装	台	2	500×400×180
2	吊风扇安装	台	10	L=1400
3	调速开关安装	套	10	
4	成套双管日光灯安装	套	12	YG2—2
5	成套单管日光灯安装	套	8	YG2—1
6	半圆球吸顶灯安装	套	18	WH—F311
7	艺术吸顶花灯安装	套	10	$HXD_{346}-1$
8	壁灯安装	套	4	WH—C40
9	牛眼灯安装	套	24	S—190
10	单联暗开关安装	套	40	$YA86-DK_{11}$
11	接线盒、开关盒安装	个	144	$146H_{50}$
12	钢管暗敷 G32	m	17.3	
13	钢管暗敷 G15		595.4	
14	管内穿线 BLV-16mm²	m	62	
14	管内穿线 BLV-10mm²	m	26.3	
14	管内穿线 BLV-4mm²	m	23.7	
14	管内穿线 BLV-2.5mm²	m	1341	
15	接地引下线扁钢—25×4 敷设	m	19	
16	接地系统试验	系统	1	
17	低压配电系统调试	系统	1	

工程计价表

表 2-26

单位工程名称：某建筑电气照明工程

定额编号	分项工程项目	单位	工程数量	单位价值			合计价值			未计价材料			
				人工费	材料费	机械费	人工费	材料费	机械费	损耗	数量	单价	合价
2—264	照明配电箱安装	台	2	41.8	34.39		83.6	68.78			2	650	1300
2—1702	吊风扇安装	台	10	9.98	3.75		99.8	37.5			10	180	1800
2—1705	吊扇调速开关安装	10套	1	69.66	11.11		69.66	11.11			10	15	150
2—1589	成套双管日光灯安装	10套	1.2	63.39	74.84		76.07	89.81		10.10	12.12	76.75	930.21
2—1591	成套单管日光灯安装	10套	0.8	50.39	70.41		40.31	56.33		10.10	8.08	47.45	383.40

续表

定额编号	分项工程项目	单位	工程数量	单位价值			合计价值			损耗	未计价材料		
				人工费	材料费	机械费	人工费	材料费	机械费		数量	单价	合价
	40W日光灯管	只									32	8	256
	法兰式吊链	m									60	3	180
2-1384	半圆球吸顶灯安装	10套	1.8	50.16	119.84		90.29	215.71		10.10	18.18	45	818.10
2-1436	艺术吸顶花灯安装	10套	1	400.95	321.70	4.28	400.95	321.70	4.28	10.10	10.10	1400	14140
2-1393	壁灯安装	10套	0.4	46.90	107.77		18.76	43.11		10.10	4.04	150	606
2-1389	牛眼灯安装	10套	2.4	21.83	58.83		52.39	141.19		10.10	24.24	31	751.44
2-1637	板式单联暗开关安装	10套	4	19.74	4.47		78.96	17.88		10.20	40.8	5	204
2-1673	暗插座1.5A以下安装	10套	2.2	33.90	14.93		74.58	32.85		10.20	22.44	8	179.52
2-1378	暗装开关盒、插座盒	10个	7.2	11.15	9.97		80.28	71.78		10.20	73.44	2.50	183.6
2-1377	暗装接线盒安装	10个	7.2	10.45	21.54		75.24	155.09		10.20	73.44	3.20	235.0
2-1011	钢管暗敷G32	100m	0.173	215.71	92.29	20.75	37.32	15.97	3.59	103	17.82	5.80	103.35
2-1008	钢管暗敷G15	100m	5.95	156.73	39.77	12.48	939.54	236.63	74.26	103	612.85	2.70	1655
2-1178	管内穿线BLV16mm²	100m	0.62	25.54	13.11	15.84	8.12	207.66		105	65.11	1.50	97.65
2-1170	管内穿线BLV4mm²	100m	0.24	16.25	5.51		3.9	1.32		110	26.4	0.5	13.2
2-1169	管内穿线2.5mm²	100m	13.41	23.22	6.83		311.38	91.59		116	1555	0.4	622
2-744	避雷引下线—25×4	10m	1.9	4.18	3.57	2.85	7.94	6.78	5.42	10.5	19.95	0.6	11.97
2-886	接地装置调试	系统	1	232.2	4.64	252.0	232.2	4.64	252.0				
2-849	交流低压配电系统调试	系统	1	232.2	4.64	166.2	232.2	4.64	166.2				

续表

定额编号	分项工程项目	单位	工程数量	单位价值 人工费	单位价值 材料费	单位价值 机械费	合计价值 人工费	合计价值 材料费	合计价值 机械费	未计价材料 损耗	未计价材料 数量	未计价材料 单价	未计价材料 合价
	白炽灯泡 60W										80	1.20	96
	白炽灯泡 40W										30	1.00	30
	合计						3013.49	1832.07	505.8				24746

二、变配电安装工程施工图预算编制

(一) 工程概况

(1) 工程地址：该工程位于重庆市市区。

(2) 工程结构：车间变配电所砖混结构，层高 6m，女儿墙 1m 高。所内有两台变压器，其中 1 号变压器为 S-800/10 型，2 号变压器为 S-1000/10 型。

(3) 进线方式：电源采用高压 10kV 一次进线，分别采用电力电缆（ZLQ20-10kV-3×70mm²），由厂变电所直接埋地引入室内电缆沟，再沿墙接引到高压负荷开关（FN$_3$-10）。负荷开关和变压器高压侧套管的连接采用 LMY-40×4mm² 矩形母线。变压器低压侧出线采用 LMY-100×8mm² 矩形母线，采用支架架设，并分别引到配电室第 3 号和第 5 号低压配电屏，经刀开关和低压空气断路器接左、右两段母线，两段母线通过 4 号低压配电屏联络，形成单母线分段。左段母线上接 1 号、2 号低压馈电屏，右段母线上接 6 号、7 号、8 号低压馈电屏。

(二) 编制依据

施工单位为某国营建筑公司，工程类别为一类。采用 2000 年《全国统一安装工程预算定额》，和该市现行材料预算价格或部分双方认定的市场采购价格。

合同中规定不计远地施工增加费和施工队伍迁移费。

(三) 编制方法

(1) 在熟读图纸、施工组织设计以及有关技术、经济文件的基础上，计算工程量。注意两台变压器均采用宽面推进方式，就位于变压器室基础台上。工程图如图 2-38～图 2-46 所示。工程量计算表见表 2-28。

(2) 汇总工程量，见表 2-29。

(3) 套用现行《全国统一安装工程预算定额》，进行工料分析，工程计价表见表 2-30。

(4) 结合建设部建标 206 号文精神，按照相应计费程序表计算直接工程费以及各项费用（略）。

(5) 写编制说明（略）。

(6) 自校、填写封面、装订施工图预算书。

高压负荷开关安装在变压器室与配电室隔墙的正中（变压器室一侧），中心距侧墙面 1.98m，与变压器中心一致，安装高度为下边绝缘子中心距地 2.3m，负荷开关的操动机构为 CS$_3$ 型。与负荷开关安装在同一面墙上。安装高度为中心距地 1.1m，距侧面墙的距

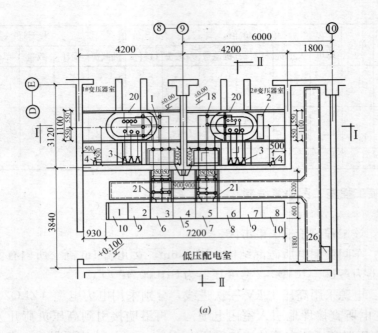

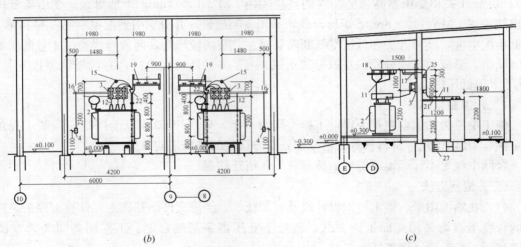

图 2-38 车间变电所平剖面图（mm）

(a) 平面图；(b) Ⅰ-Ⅰ断面图；(c) Ⅱ-Ⅱ断面图

离为 0.5m。安装标准见国家标准图集 88D263。如图 2-38 和图 2-39 所示。

变电所低压母线由变压器低压侧引线，套管引上至 20 号桥架，随后转弯经过 17 号支架穿过过墙隔板进入低压配电室，再经过两个 25 号支架和 21 号桥架接至低压配电屏上的母线。

20 号桥架制作、安装。20 号桥型母线支架横梁长度为 3960mm，采用 L63×5；角钢埋设件采用 L63×5，长度为 250mm，每付 4 根；固定绝缘子角钢采用 L30×4，宽度为 1100mm，每付 2 根，如图 2-40 所示。

17 号低压母线支架制作、安装可查阅 88D263。支架安装位置处于母线过墙洞的下方,根据平面图标注的低压母线间距350mm,其支架宽度应为1130mm,比墙洞宽度大30mm,母线中心距地平面为3300mm。支柱采用 L50×5,长度为680mm,角钢支臂采用 L40×4,长为600mm,角钢斜撑采用 L40×4,长度为750mm,如图2-41所示。

19号母线过墙夹板制作与安装。在过墙洞处要使用夹板将母线夹持固定,如图2-42所示。母线夹板采用厚20mm耐火石棉板制作,并分成上、下两部分,根据图纸标注的母线相间距离350mm,则过墙洞应为1100mm×300mm,而上、下两块夹板合并尺寸应为1100mm×340mm。

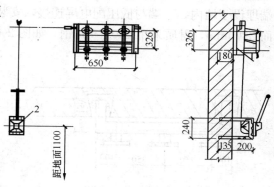

图2-39 负荷开关在墙上安装

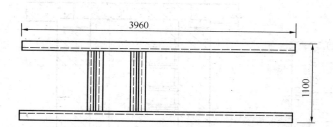

图2-40 20号母线桥形支架(L63×5)(mm)

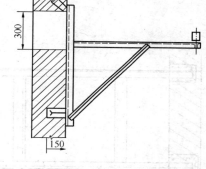

图2-41 17号支架安装示意图(mm)

安装方法是先在过墙洞两侧埋设固定夹用的角钢支架,然后用螺栓将上、下夹板固定在角钢支架上,角钢支架选用 L50×5,长度为400mm。螺栓规格为M10×40。

25号母线支架制作、安装。25号母线支架有两个,安装在配电室和变压器室隔墙的配电室一侧,第一个支架安装高度为2900mm,第二个支架安装高度为2400mm,支架中心距⑨轴为900mm,支架宽度为900mm。安装时在墙上打洞,直接将支架埋在墙上,如图2-43所示。

母线连接通常采用焊接,接头部分可用螺栓连接。最后将连接好的母线放在母线支架上的瓷瓶夹板内,使用上、下夹板将母线固定于瓷瓶上,其形式如图2-44所示。

21号母线桥形支架位于配电室,一

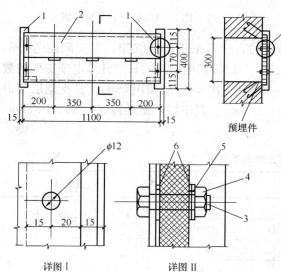

图2-42 低压母线过墙板安装(mm)
1—角钢支架;2—石棉板;3—螺栓;4—螺母;
5—垫圈;6—垫圈

端埋设于墙内，一端与低压配电屏连接，安装高度距地面 2200mm，材质采用 L50×5 角钢，如图 2-45 所示。

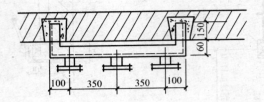

图 2-43　25 号母线支架安装（mm）

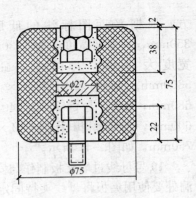

图 2-44　WX-01 型瓷瓶（mm）

该车间变电所高压进线电缆采用直埋方式由厂总降压变电所引来。电缆埋深不应小于 0.7m。电缆的上、下应铺设不小于 100mm 厚的软土或砂层，顶部盖上混凝土保护板。

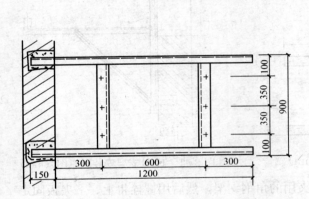

图 2-45　21 号母线桥架（mm）

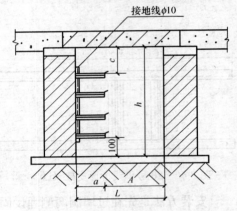

图 2-46　室内电缆沟单侧支架

电缆沟内敷设。电力电缆在电缆沟内敷设时，通常采用电缆支架，支架间距为 1m，电缆首末两端以及转弯处应设置支架进行固定，一般根据电缆沟的长度计算电缆支架的数量。其支架采用角钢制作，如图 2-46 所示。主架用 L40×4，层架用 L30×4。支架层架最小距离为 150mm，最上层层架距沟顶为 150～200mm。最下层层架距沟底为 50～100mm。室内电缆沟支架布置规格见表 2-27。

室内电缆沟支架布置规格　　　　　表 2-27

沟宽（L）	层架（a）	通道（A）	沟深（h）
600	200	400	500
600	300	300	500
800	200	600	700
800	300	500	700
800	200	600	900
800	300	500	900

工程量计算表 表2-28

单位工程名称：某车间变配电工程 共 页 第 页

序号	分项工程名称	单位	数量	计算式
1	三相电力变压器	台	2	1+1（图号为1和2）
2	户内高压负荷开关	台	2	1+1（图号为3）
3	低压配电屏	台	7	图号为6、7、8、9、10共7台
4	低压配电屏（联络屏）	台	1	图号为5
5	电车绝缘子	个	40	(14×2台)+2个/相×3相×2台（图号为14）
6	高压支柱绝缘子	个	2	1+1边相处，图号为15
7	低压母线穿墙板制安	块	4	2×2（图号为19）
8	信号箱安装	台	1	（图号为26）
9	高压铝母线LMY敷设—40×4mm（图号12）	m	13.96	[1.5+0.326+0.5（预留）]×3相×2台=2.326×3相×2台=13.96
10	低压铝母线LMY敷设—100×8mm（图号11）	m	49.83	立面 TM中心至墙 1-1剖面 穿墙 {[1+0.4 + 1.5 + (1.98−0.9) +0.24 瓷瓶支架 瓷瓶高 低压配电室 至中心 + 0.06 +0.075 +(0.3×2+0.5)+1.2+0.35] 预留 +(0.3+0.5+0.5)}×3相×2台 =8.305×3相×2台=49.83
11	低压母线支架（图号17）	kg	31.19	①支臂L40×4：0.6m×2边×2付×2.422kg/m=5.81kg ②支柱L50×5，0.68m×2边×2付×3.77kg/m=10.25 ③斜撑L40×4：0.75m×2边×2付×2.422kg/m=7.27 ④固定绝缘子用L30×4：1.1m×2边×2付×1.786kg/m=7.86 Σ①+②+③+④=31.19
12	低压母线过墙板用支架	kg	6.03	L50×5：0.4m×2根/付×2付×3.77kg/m=6.03
13	低压母线25号支架	kg	12.79	L40×4，2个/台×2台=4个； 4×1.32m/个×2.422kg/m=12.79
14	低压母线20号桥形支架	kg	92.98	①横梁L63×5：3.96m×2根/付×2付×4.822kg/m=76.38 ②固定绝缘子用角钢L30×4： 1.1m−(2×0.063)m×2根/付×2付×1.786kg/m=6.96 查88D263 ③角钢埋设件L63×5：0.25m×4根/付×2付×4.822kg/m =9.64 Σ①+②+③=92.98
15	低压母线21号桥形支架	kg	36.43	①横梁L50×5：1.35m×2根/付×2付×3.77kg/m=20.36 ②固定绝缘子用角钢L30×4： 0.9m×2根/付×2付×1.786kg/m=6.43 查88D263 ③角钢埋设件L63×5：0.25m×4根/付×2付×4.822kg/m =9.64 Σ①+②+③=36.43

续表

序号	分项工程名称	单位	数量	计算式
16	电缆沟支架	kg	63.14	主体量　　　首尾　转角 支架个数：$(7.2+1+3.84+3.12)\div 1+2+2+3$(TM转弯处)＝22(个)。94D164 ①主架 L40×4：$22 \times (0.5-0.2)m \times 2.422kg/m = 15.99$ ②层架 L30×4：$22 \times 4 个 \times 0.3m/个 \times 1.786kg/m = 47.15$ $\Sigma ①+② = 63.14$
17	高压负荷开关在墙上安装支架(FN$_3$-10)	kg	23.83	L50×5：88D263 $[(0.49+0.59+0.4) \times 2 + 0.2] \times 2 付 \times 3.77 kg/m = 23.83$
18	手动操作机构在墙上安装支架(CS3)	kg	9.41	①L40×4：88D263 $0.902 \times 2 根 \times 2 付 \times 2.422kg/m = 8.74$ ②—40×4：88D263 $0.145 \times 2 个 \times 2 付 \times 1.26kg/m = 0.731$ $\Sigma ①+② = 9.41$
19	电缆终端头在墙上安装支架(NTN-33)	kg	1.99	①L30×4：93D165 $0.35 \times 2 付 \times 1.786kg/m = 1.25$ ②—30×4：93D165 $(2 \times 0.08 + \pi D) \times 2 个 \times 0.94kg/m = (0.16+3.14 \times 0.074) \times 2 个 \times 0.94kg/m = 0.74$ $\Sigma ①+② = 1.99$
20	电缆终端头制安	个	2	1+1
21	供电送配电系统调试	系统	2	1+1
22	母线系统调试	段	2	1+1
23	变压器系统调试	系统	2	1+1
24	接线端子安装	个	7	
25	其他			略

工程量汇总表　　　　　表2-29

单位工程名称：某车间变配电工程

序号	分项工程名称	单位	数量	备注
1	三相电力变压器安装	台	2	S-800/10 为 800kVA，图号为 1； S-1000/10 为 1000kVA 图号为 2
2	户内高压负荷开关安装	台	2	FN$_3$-10 400A, 图号为 3
3	低压配电屏安装	台	7	图号为 6、7、8、9、10 共 7 台
4	低压联络屏安装	台	1	图号为 5
5	电车绝缘子安装	个	40	图号为 14
6	高压支柱绝缘子安装	个	2	图号为 15
7	低压母线穿墙板制安	块	4	图号为 19

续表

序号	分项工程名称	单位	数量	备注
8	高压铝母线 LMY 敷设—40×4mm	m	13.96	图号为12
9	低压铝母线 LMY 敷设—100×8mm	m	49.83	图号为11
10	中性铝母线 LMY 敷设—40×4mm	m	14	图号为13
11	一般铁构件制作	kg	277.79	∑11+…+19
12	一般铁构件安装	kg	277.79	
13	电缆终端头制安	个	2	图号为22，NTN-33，10kV
14	供电送配电系统调试 10kV	系统	2	
15	母线系统调试 10kV	段	2	
16	母线系统调试 1kV	段	2	
17	变压器系统调试	系统	2	
18	低压配电系统调试 1kV	系统	2	
19	接线端子安装	个	7	

工程计价表

表 2-30

单位工程名称：某建筑电气照明工程

定额编号	分项工程项目	单位	工程数量	单位价值 人工费	单位价值 材料费	单位价值 机械费	合计价值 人工费	合计价值 材料费	合计价值 机械费	未计价材料 损耗	未计价材料 数量	未计价材料 单价	未计价材料 合价
2-3	三相电力变压器安装	台	2	470.67	245.43	348.44	941.34	490.86	696.88			9000	18000
2-45	户内高压负荷开关安装 400A	台	2	64.09	163.36	8.92	128.18	326.72	17.84			6500	13000
2-240	低压配电屏安装	台	7	109.83	117.49	46.25	768.81	822.43	323.75			7300	51100
2-236	低压联络屏安装	台	1	110.06	118.86	46.25	110.07	118.86	46.25			7500	7500
2-108	电车绝缘子安装	个	40	19.74	74.10	5.35	789.60	2964	214			3.6	144
2-108	高压支柱绝缘子安装	个	2	19.74	74.10	5.35	39.48	148.20	10.7			9.0	18
2-352	低压母线穿墙板制安	块	4	52.02	66.50	5.35	208.08	266	21.40				
2-137	高压铝母线 LMY 敷设—40×4mm	10m	1.4	29.25	68.07	49.24	40.95	95.30	68.94	(kg) 6.05		13.5	81.68

续表

定额编号	分项工程项目	单位	工程数量	单位价值 人工费	单位价值 材料费	单位价值 机械费	合计价值 人工费	合计价值 材料费	合计价值 机械费	未计价材料 损耗	未计价材料 数量	未计价材料 单价	未计价材料 合价
2—138	低压铝母线LMY敷设—100×8mm	10m	4.98	41.80	70.66	68.68	208.16	351.89	342.03		(kg)107.6	16.0	1722
2—137	中性铝母线LMY敷设—40×4mm	10m	1.4	29.25	68.07	49.24	40.95	95.30	68.94		(kg)6.05	13.5	81.68
2—358	一般铁构件制作	100kg	2.78	250.78	131.9	41.43	697.17	366.68	115.18	105	291.9	2.8	817.32
2—359	一般铁构件安装	kg	2.78	163.0	24.39	25.44	453.14	67.80	70.72				
2—637	电缆终端头制安	个	2	48.76	276.62		97.52	553.24				155	310
2—850	供电送配电系统调试10kV	系统	2	580.50	11.61	655.14							
2—849	低压配电系统调试1kV	系统	2	232.2	4.64	166.12							
2—881	母线系统调试10kV	段	2	510.84	10.22	937.88							
2—880	母线系统调试1kV	段	2	139.32	2.79	192.92							
2—844	变压器系统调试	系统	2	1996.92	39.94	2660.36							
2—333	接线端子安装	个	7	11.61	210.84		81.27	1475.88				12	84
	合计						4604.72	8143.16	1996.63				92858.68

三、弱电安装工程施工图预算编制

(一)工程概况

(1)某工程为十层楼建筑,其层高4m。

(2)控制中心设在一层,设备安装在该层,安装方式为落地式,地沟出线后,引至线槽处,再垂直延伸到每层的电气元件,如图2-47所示。

(3)平面布置线路,采用φ15的PVC管暗敷,火灾报警、电话、共用天线的配线均穿PVC管。垂直线路为线槽配线,如图2-48所示。

(4)弱电中心分三大系统:火警系统、闭路电视系统以及电话通信系统。如图2-49~图2-52,并参见主要设备材料表2-31。

(5)感烟探测器、报警开关、驱动盒和火警电话均由弱电中心的消防控制柜控制。

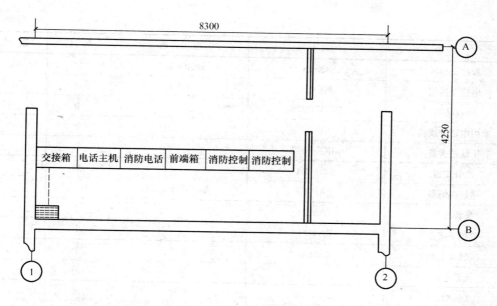

图 2-47 一层弱电控制中心 1∶50(mm)

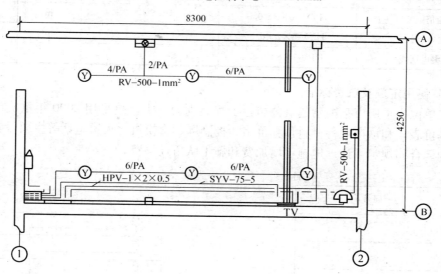

图 2-48 一层至十层弱电平面图 1∶50(mm)

(6)电话设置程控交换机 1 台,500 门,每层设置 5 对电话分线箱一个,本楼用 50 门。

(7)由地区电缆电视干线引至弱电中心前端箱,然后由地沟引分支电缆通过垂直竖向线槽至各用户。

主要设备材料表　　　　　　　表 2-31

名　称	型　号	规　格	单　位	数　量
消防控制柜	ZA1913	1800+1000	台	2
前端箱	1800+1000	喷塑	台	1
消防电话盘	ZA2721/40	1800+1000	台	1

续表

名　称	型　号	规　格	单　位	数　量
程控交换机	JQS-31	1800+1000	台	1
电信交接箱	HJ-905	1800+1000	台	1
电视插座	E31VTV75		个	
室内电话分线箱	NF-1-5		个	
干线放大器	MKK-4027		个	
二分支器	TU$_2$/4A		个	
感烟探测器	ZA3011	编码底座配套	个	
报警开关	ZA3132		个	
现场驱动盒	ZA4221		个	
区域显示器	ZA3331		个	
火警电话	ZA2721		部	
线槽	200×75	喷塑	m	
闭路同轴电缆	SYV-75-5	75Ω/300Ω	m	
通信电缆	HYV-50×2×0.5		m	
	HYV-5×2×0.5		m	
火警电话线	HPV-1×2×0.5		m	

（二）使用定额及取费标准

施工单位为重庆市某国营建筑公司，工程类别为一类。故采用 2000 年重庆市安装工程单位基价表，和该市现行材料预算价格。控制屏、交换机、火警电话等主要设备由业主自己采购。合同规定不计远地施工增加费和施工队伍迁移费。

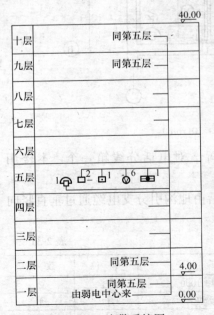

图 2-49　火警系统图

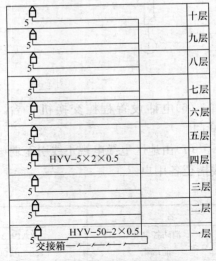

图 2-50　电话通信系统图

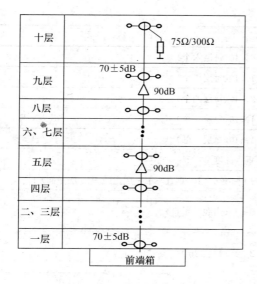

图 2-51 闭路电视系统图

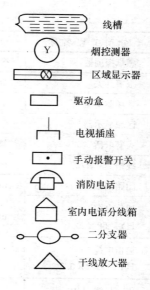

图 2-52 图例

(三)编制方法

(1) 在熟读图纸、施工组织设计以及有关技术、经济文件的基础上,计算工程量。

由于土建每层有吊顶,管线敷于顶棚内,而探测器的安装要和土建的顶棚结合起来。区域显示器、报警开关、驱动器、火警电话均安装在距地面1.5m高的墙上。电视插座装在墙踢脚线上200mm处。室内电话分线箱装在距地面2.2m高的墙上。

工程量计算见表2-32。

(2) 汇总工程量见表2-33。

(3) 套用现行定额、进行工料分析,见工程计价表2-34。

(4) 按照相应计费程序表计算直接工程费以及各项费用(略)。

(5) 写编制说明(略)。

(6) 自校、装订施工图预算书。

工 程 量 计 算 表　　　　　　　　　　　　　　　　表2-32

单位工程名称:某建筑弱电工程　　　　　　　　　共　页　第　页

序号	分项工程名称	单位	数量	计算式
1	消防控制柜	台	2	
2	前端箱	台	1	
3	消防电话盘	台	1	
4	程控交换机	台	1	
5	电信交接箱	台	1	
6	电视插座	个	10	1×10(每层一个,共十层)
7	室内电话分线箱	个	10	1×10(每层一个,共十层)
8	干线放大器	个	2	1+1(五层、九层各一个)
9	二分支器	个	10	1×10

续表

序号	分项工程名称	位	数量	计 算 式
10	感烟探测器	个	60	6×10(每层六个)
11	报警开关	个	10	1×10(每层一个)
12	现场驱动盒	个	20	2×10(每层两个)
13	区域显示器	个	10	1×10(每层一个)
14	火警电话	部	10	1×10(每层一部)
15	线槽200×75	m	40	垂直高度
16	闭路同轴	m	106	40+6+6×10(垂直+第一层出线+10层平面)
17	通信电缆 HYV-50×2×0.5	m	46	6+40(出线+垂直)
18	通信电缆 HYV-5×2×0.5	m	20	2×10(每层2m)
19	电话线 HPV-1×2×0.5	m	80	8×10(每层8m)
20	火警电线 RV-500-1mm²	m	520	(8+2)×10报警开关+(7+4)×10驱动器+(8+3+4)×10显示器+(7+3+6)×10感烟探测器
21	管子敷设PVC	m	500	[(2+2)电话+(8+3+7+2+8+8+2)火警+8天线]×10(每层相同)=500
22	管内穿线 RV-500-1mm²	m	1360	(8+2)×10×2+(7+4)×10×2+(8+3+4)×10×2+(7+3+6)×10×4=1360

工程量汇总表　　　　　　表2-33

单位工程名称：某建筑弱电工程

序号	分项工程名称	单位	数量	备 注
1	消防控制柜	台	2	1800+1000(高+宽)
2	前端箱	台	1	1800+1000(高+宽)
3	消防电话盘	台	1	1800+1000(高+宽)
4	程控交换机	台	1	
5	电信交接箱	台	1	
6	室内电话分线箱	个	10	
7	感烟探测器	套	60	
8	报警开关	个	10	
9	现场驱动盒	个	20	
10	区域显示器	台	10	
11	火警电话	部	10	
12	桥架敷设75×200	m	40	
13	同轴电缆敷设(线槽)	m	106	
14	线槽配线(HYV-50×2×0.5)	m	46	

续表

序号	分项工程名称	单位	数量	备注
15	管子敷设 PVC15	m	500	
16	管内穿线 RV-500-1mm^2	m	1880	
17	管内穿线 HPV-1×2×0.5	m	80	
18	干线放大器	个	2	
19	二分支器	个	10	
20	终端电阻	个	1	

工程计价表　　　　表 2-34

单位工程名称：某建筑弱电工程

定额编号	分项工程项目	单位	工程数量	单位价值			合计价值			未计价材料			
				人工费	材料费	机械费	人工费	材料费	机械费	损耗	数量	单价	合价
02-0263	弱电控制屏安装	台	4	104.66	120.44	51.45	418.64	481.76	205.8				
07-0063	安装交换机	台	1	600.80	153.95		600.8	153.95					
02-0264	电话分线箱安装	台	10	39.74	70.22		397.4	702.2			10	65	650
07-0064	火警电话安装	部	10	4.86	3.18		48.60	31.80					
02-1652代	线路放大器安装	套	2	18.33	18.39		36.66	36.78		1.02	2.04	40	82
02-1652代	线路二分支器安装	套	10	18.33	18.39		183.3	183.9		1.02	10.2	30	306
02-1377	线路终端电阻安装	10个	1	9.94	22.69					10.2	10.2	2	20
07-023代	调试接收指标	户	10	51.00	57.28	77.80	510.0	572.8	778.0				
07-0006	感烟探测器安装	只	60	13.03	4.50	0.78	781.8	270.0			60	300	18000
07-00488	区域显示器安装	台	10	271.80	53.66	57.96	2718.0	536.6			10	500	5000
07-0012代	报警开关安装	只	10	18.99	6.70	1.23	189.9	67.0		1.01	10.1	20	202
02-0276	驱动盒安装	个	20	9.94	9.36	0.89	198.8	187.2		1.01	20.2	25	505
02-0206	槽架安装	10m	4	66.24	103.12	50.09	264.96	412.48		10.2	40.8	60	2448
02-1338	线槽配线 SYV-75-5	100m	1.06	27.16	3.64		28.79	3.86		102	108.12	2	216

续表

定额编号	分项工程项目	单位	工程数量	单位价值			合计价值			未计价材料			
				人工费	材料费	机械费	人工费	材料费	机械费	损耗	数量	单价	合价
02-1337	线槽配线 HYV-50×2×0.5	100m	0.46	22.30	3.64		10.26	1.67		102	46.92	9.5	446
02-1097	管子敷设 PVC.G15	100m	5	99.14	6.57	30.84	495.7	32.85	154.2	106.7	533.5	2.4	1280
02-1169	管内穿线 RV-500-1mm	100m	18.8	22.08	5.99		415.1	112.61		116.0	2180.8	1.5	3271
02-1169	管内穿线 HYV-5×2×0.5	100m	0.2	22.08	5.99		4.42	1.20		116.0	23.2	3.5	81
	合计						7303.13	3788.7	1138.0				32507.0

思 考 题

1. 什么是施工图预算？
2. 简述建安工程费用的构成。
3. 简述施工图预算的编制原则。编制依据。编制条件。
4. 简述施工图预算的编制步骤。
5. 何谓直接费？何谓其他直接费？
6. 何谓人工费？何谓材料费？何谓机械费？
7. 何谓间接费？间接费用的构成有那些？其计算基础是什么？
8. 何谓利润？其计算基础是什么？
9. 何谓税金？其计算基础是什么？
10. 何谓城市维护建设税？何谓教育费附加？各自的计算基础是什么？
11. 何谓施工图预算的校核？
12. 何谓施工图预算的审查？
13. 审查施工图预算的原则是什么？
14. 施工图预算审查的内容通常有哪些？
15. 施工图预算审查的方法通常有哪些？
16. 变压器安装工程量怎样计算？如何套定额？
17. 母线安装工程量怎样计算？如何套定额？
18. 10kV以下的电缆进线，通常会发生哪些调试工作内容？怎样计算工程量？如何套用定额？
19. 简述变配电所施工工艺流程。工程量常列哪些项目？
20. 简述防雷接地分部工程施工工艺流程。工程量常列哪些项目？
21. 简述不同电缆施工的工艺形式。工程量常列哪些项目？
22. 简述照明器具分部工程施工，工程量常列哪些项目？
23. 简述一般灯具和装饰灯具的划分。
24. 何谓组装型、何谓成套型照明灯具？其工程量如何计算？

25. 配管、配线工程量如何计算？
26. 何谓进户线？何谓接户线？工程量如何计算？
27. 成套配电箱和非成套配电箱工程量如何计算？如何套用定额？
28. 导线预留长度通常发生在哪些部位？
29. 简述接线盒、分线盒、开关盒、插座盒、灯头盒等工程量的计算规律。
30. 简述电梯安装工程量的计算方法。
31. 简述强电工程和弱电工程的区别。
32. 简述智能建筑的概念，简述智能建筑和综合布线的区别。
33. 建筑弱电系统主要有哪些组成。
34. 简述室内电话通信系统主要内容及工程量常列项目。
35. 简述共用天线电视系统（CATV）组成和常列工程项目以及工程量的计算。
36. 简述有线广播音响系统组成及常列工程项目以及工程量的计算。
37. 简述火灾自动报警系统、安全防范系统及自动消防系统组成及常列工程项目以及工程量的计算。
38. 简述综合布线系统组成及常列工程项目以及工程量的计算。

第三章 水、暖安装工程施工图预算

第一节 给水排水安装工程量计算

一、室内给水排水工程量计算

（一）室内给水排水系统组成

（1）室内给水系统主要由以下六大部分组成，如图 3-1 所示。

1）进户管，亦称为引入管：是从室外管网引入室内进水管，与室内管道相连，直达水表位置的管段。此处通常设水表井（阀门井）；

2）水表节点（水表井）：用以计量室内给水系统总用水量；

3）室内给水管网：设有水平干管、立干管、支管等；

4）给水管道附件：阀门、水嘴、过滤器等；

5）升压和储水设备：水泵、水箱等；

6）消防设备：消火栓、喷淋管及喷淋头等。

（2）室内生活污水排水系统主要由六大部分组成，如图 3-2 所示。

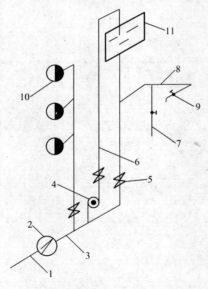

图 3-1 给水系统组成
1—引入管；2—水表井；3—水平干管；4—水泵；5—主控制阀；6—主干管；7—立支管；8—水平支管；9—水嘴及用水设备；10—消火栓；11—水箱

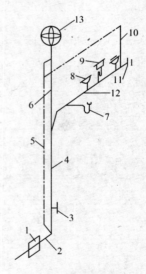

图 3-2 排水系统组成
1—检查井；2—排出管；3—检查口；4—排水立管；5—排气管；6—透气管；7—大便器；8—地漏；9—脸盆等用水设备；10—地面扫除口；11—清通口；12—排水横管；13—透气帽

1）污水收集器：包括便器、面盆等用水设备；

2）排水管网：包括排水立管、横管以及支管等；

3) 透气装置：包括排气管、透气管、透气帽等；

4) 排水管网附件：包括存水弯、地漏等；

5) 清通装置：包括清扫口、检查口等；

6) 检查井：用砖砌筑或预制成型的构筑物。

（二）室内给水管道工程量计算

工程量计算顺序：从入口处算起，先主干，后支管；先进入，后排出；先设备，后附件。

工程量计算要领：通常按管道系统为单元，或以建筑段落划分计算。支管按自然层计算。

1. 工程量计算规则

（1）以施工图所示管道中心线长度，按"延长米"计量，不扣阀门、管件等所占长度；

（2）室内外管道界线划分规定：

1) 入口处设阀门者以阀门为界，无阀门者以建筑物外墙皮 1.5m 处为界；

2) 与市政管道界线以水表井为界，无水表井者，以与市政管道碰头点为界。

2. 套定额

水暖工程预算大多套用第八册（篇）定额相应子目，但各册中亦有交叉，在使用中需要注意：

（1）可按管道材质、接口方式和接口材料以及管径大小分档次，分别选套定额。

（2）主材按定额用量计算，管件计算未计价值。

（3）管道安装定额包括内容：

1) 管道及接头零件安装；

2) 水压试验或灌水试验；

3) 室内 $DN32mm$ 以内钢管的管卡以及托钩制作和安装均综合在定额中；

4) 钢管包括弯管制作与安装（伸缩器除外），无论是现场煨制或成品弯管均不得换算；

5) 穿墙以及过楼板薄钢板套管安装人工费。

（4）管道安装定额不包括内容：

1) 镀锌薄钢板套管制作按"个"计算，执行第八册（篇）相应定额子目。其安装项目已包括在管道安装定额中，不再另行计算。钢管套管制作、安装工料，按室外钢管（焊接）项目计算。

2) 管道支架制作安装，室内管道 $DN32mm$ 以下的安装工程已包括在内，不再另行计算。$DN32mm$ 以上者，以"kg"为计量单位，另列项计算。

3) 室内给水管道消毒、冲洗、压力试验，均按管道长度以"m"计算，不扣除阀门、管件所占长度。

4) 室内给水钢管除锈、刷油，按照管道展开表面积以"m^2"计算。其计算公式为：

$$F = \pi DL \tag{3-1}$$

式中　L——钢管长度（m）；

　　　D——钢管外径（m）。

工程量计算可查阅第十一册（篇）《刷油、防腐蚀、绝热工程》附录九表。定额亦套用该册（篇）相应子目。

明装管道通常刷底漆1遍，其他漆2遍；埋地或暗敷部分的管道刷沥青漆2遍。

5) 室内给水铸铁管道除锈、刷油的工程量，可按管道展开面积以"m²"计算。其计算公式为：

$$F = 1.2\pi DL \tag{3-2}$$

式中　F——管外壁展开面积（m）；

　　　D——管外径（m）；

　　　1.2——承插管道承头增加面积系数。

刷油可按设计图或规范要求计算，通常露在空间部分刷防锈漆1遍、调合漆2遍；埋地部分通常刷沥青漆2遍。

除锈、刷油定额选套第十一册（篇）《刷油、防腐蚀、绝热工程》相应子目。

(三) 室内排水管道工程量计算

室内排水管道工程量计算顺序和计算要领同室内给水管道工程量计算。

1. 工程量计算规则

(1) 室内排水管道工程量计算规则同室内给水管道，仍以"延长米"计算。

(2) 室内外管道界线划分规定：

1) 室内外以出户第一个排水检查井或外墙皮1.5m处为界；

2) 室外管道与市政管道界线以室外管道与市政管道碰头井为界。

2. 套定额

(1) 可按管道材质、接口方式和接口材料以及管径大小分档次，选套相应定额。

(2) 主材按定额用量计算，管件计算未计价值。

(3) 管道安装定额包括内容：铸铁排水管、雨水管以及塑料排水管均包括管卡以及托、吊支架、透气帽、雨水漏斗的制作和安装；管道接头零件的安装。

(4) 管道安装定额不包括内容：

1) 承插铸铁室内雨水管安装，选套第八册（篇）《给排水、采暖、燃气工程》定额相应子目。

2) 室内排水管道除锈、刷油工程量，其计算方法和计算公式同室内给水铸铁管道。按照规范的规定，裸露在空间部分排水管道刷防锈底漆1遍，银粉漆2遍；埋地部分通常刷沥清漆2遍，或刷热沥清2遍，选套第十一册（篇）定额相应子目。

3) 室内排水管道沟土石方工程量计算详见室内、外给水排水管道土方工程计算。

4) 室内排水管道部件安装工程量计算：

①地漏安装，可区别不同直径按"个"计算，如图3-3所示。

②地面扫除口（清扫口）安装，可区别不同直径按"个"计算，如图3-4所示。

③排水栓安装，分带存水弯和不带存水弯以及不同直径，

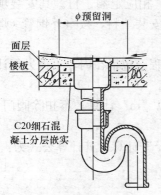

图3-3　地漏示意图

按"组"计算,如图 3-5 所示。

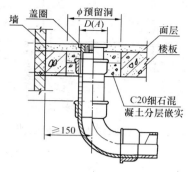

图 3-4 清扫口示意图

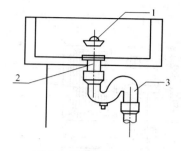

图 3-5 排水栓示意图
1—带链堵;2—排水栓;3—存水弯

（四）栓、阀及水表组等安装工程量计算

（1）阀门安装一律按"个"计算。根据不同类别、不同直径和接口方式选套定额。法兰阀门安装,如仅是一侧法兰连接时,定额所列法兰、带帽螺栓以及垫圈数量减半。法兰阀（带短管甲乙）安装,按"套"计算,当接口材料不同时,可调整。

自动排气阀安装,定额已包括支架制作安装,不另计算；浮球阀安装,定额已包括了连杆以及浮球安装,不另计算。

（2）法兰盘安装,可分碳钢法兰和铸铁法兰,并根据接口形式（如焊接、螺纹接）,以直径分档,按"副"计算。每两片法兰为一副。

（3）水表组成及安装,其工程量可按不同连接方式分带旁通管及止回阀,区别不同直径,螺纹水表以"个"计算；焊接法兰水表组以"组"计算,如图 3-6 所示。

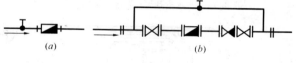

图 3-6 水表组成示意
(a) 螺纹连接水表；(b) 法兰连接水表组

（4）消火栓安装：

1）室内单（双）出口消火栓安装,可根据不同出口形式和公称直径,以"套"计算,套用第七册（篇）有关子目。其未计价材料包括：消火栓箱 1 个（铝合金、钢、铜、木）、水龙带架 1 套、水带 1 套、水带接口 2 个、水枪消防按钮 1 个等,如图 3-7 所示。

2）室外消火栓安装,可区分为地上式和地下式,以"套"计量。套用第七册（篇）有关子目,如图 3-8、图 3-9 所示。

（5）消防水泵结合器安装工程量,可根据不同形式和公称直径,分别以"套"计算。套用第七册（篇）有关子目,如图 3-10 所示。

（6）水龙头安装工程量可按不同规格直径,以"个"计算。套用第八册（篇）相应子目。

（7）浮标液面计、水塔、水池浮标及水位标尺制作安装：

1）浮标液面计的安装工程量是以"组"计算。套用第八册（篇）相应子目。

2）水塔、水池浮标及水位标尺制作安装工程量,一律以"套"计算。套用第八册（篇）相应子目。

（五）卫生器具安装工程量计算

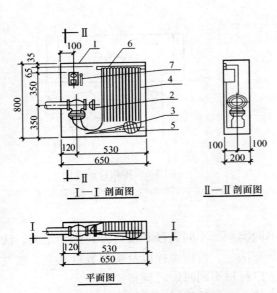

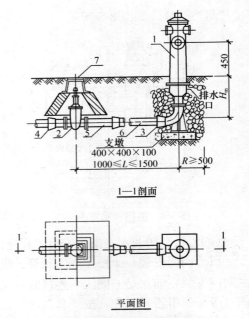

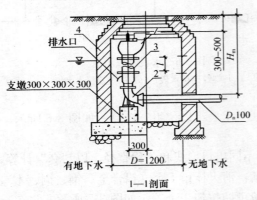

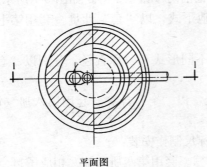

图3-7 单栓室内消火栓安装图（mm）
1—消火栓箱；2—消火栓；3—水枪；4—水带；5—水带接口；6—水带挂架；7—消防按钮

图3-8 室外地上式消火栓安装图（mm）
1—地上式消火栓；2—阀门；3—弯管底座；4—短管甲；5—短管乙；6—铸铁管；7—阀门套筒

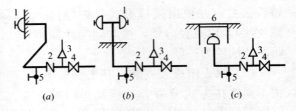

图3-10 消防水泵结合器
(a) 墙壁式；(b) 地上式；(c) 地下式
1—消防接口；2—止回阀；3—安全阀；4—阀门；5—放水阀；6—井盖

图3-9 室外地下式消火栓安装图（mm）
1—地下式消火栓；2—消火栓三通；3—法兰接管；4—圆形阀门井

卫生器具组成安装以"组"计算，定额按照标准图综合了卫生器具与给水管、排水管连接的人工与材料用量，不再另行计算。

1. 盆类卫生器具安装

盆类卫生器具安装工程量界线的划分，通常是在水平管和支管的交界处。

（1）浴盆、妇女卫生盆的安装，可区别冷热水和冷水带喷头以及不同材质，分别以"组"计算，如图3-11所示。但不包括浴盆支座以及周边砌砖、贴瓷砖工程量，可按土建定额执行。

（2）洗涤盆、化验盆安装，可区别单嘴、双嘴以及不同开关，分别以"组"计算，如图 3-12 所示。

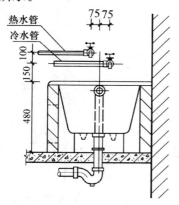

图 3-11 浴盆安装示意图（mm）

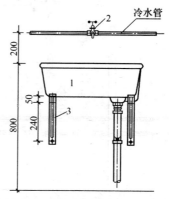

图 3-12 洗涤盆安装示意图（mm）
1—洗涤盆；2—水嘴；3—连接管

（3）洗脸盆、洗手盆安装，可区别冷水、冷热水和不同材质、开关，分别以"组"计算，如图 3-13 所示为双联混合龙头洗脸盆安装示意图。

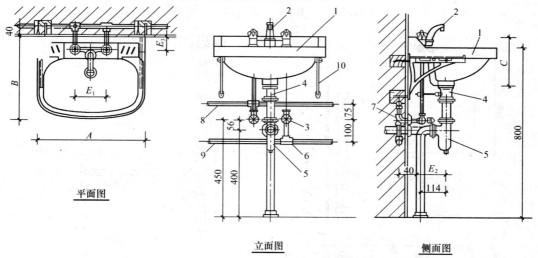

图 3-13 双联混合龙头洗脸盆安装示意图（mm）
1—洗脸盆；2—双联混合龙头；3—角式截止阀；4—提拉式排水装置；5—存水弯；6—三通；7—弯头；8—热水管；9—冷水管；10—洗脸盆支架

2. 淋浴器组成与安装

可区别冷热水和不同材质，分别以"组"计量。如图 3-14 所示为双管成品淋浴器安装示意图。

3. 大便器安装

（1）蹲式大便器安装：可根据大便器的不同形式以及冲洗方式、不同材质，以"套"计算，如图 3-15 所示为高水箱蹲式大便器安装示意图。

（2）坐式大便器安装：

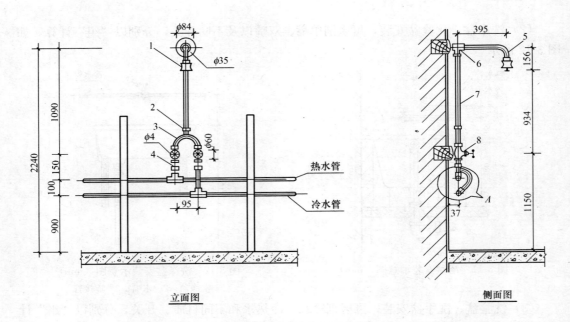

图 3-14 双管成品淋浴器安装示意图（mm）
1—莲篷头；2—管锁母；3—连接弯；4—管接头；5—弯管；6—带座三通；7—直管；8—带座截止阀

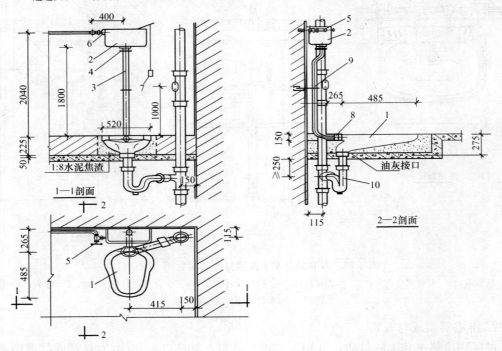

图 3-15 高水箱平蹲式大便器安装示意图（mm）
1—平蹲式大便器；2—高水箱；3—冲洗管；4—冲洗管配件；5—角式截止阀；6—浮球阀配件；
7—拉链；8—橡胶胶皮碗；9—管卡；10—存水弯

坐式低（带）水箱大便器安装仍以"套"计算。如图 3-16 所示，为带水箱坐式大便器安装示意图。

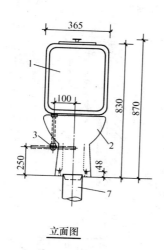
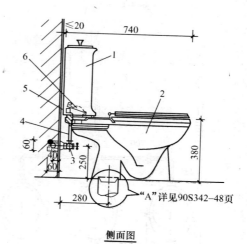

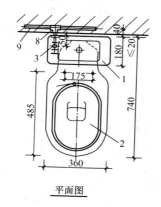

图 3-16 带水箱坐式大便器安装示意图（mm）

1—冲洗水箱；2—坐便器；3—角式截止阀；4—水箱进水管；5—水箱进水阀；6—排水阀；7—排水管；8—三通；9—冷水管

4. 小便器安装

可按不同形式（挂式、立式）和冲洗方式，以"套"计算，套用相应定额子目，如图 3-17、图 3-18 所示，分别为高水箱挂式自动冲洗和自闭式冲洗阀立式小便器安装示意图。

5. 大便槽自动冲洗水箱安装

可区别不同容积（L），分别以"套"计算，定额包括水箱拖架的制作安装，不再另外计算。如图 3-19 所示，为大便槽自动冲洗水箱安装示意图。

6. 小便槽安装

可分别列项计算工程量，其安装示意如图 3-20 所示。

（1）截止阀按"个"计算，套阀门安装相应子目。

（2）多孔冲洗管可按"m"计量，套小便槽冲洗管制安项目。

（3）排水栓按"组"计算。

（4）若设有地漏，则按"个"计算。

（5）小便槽自动冲洗水箱安装工程量以"套"计算。

7. 盥洗（槽）台安装

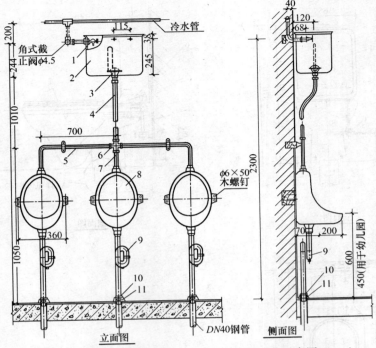

图 3-17 高水箱三联挂式自动冲洗小便器安装示意图（mm）
1—水箱进水阀；2—高水箱；3—皮膜式自动虹吸器；4—冲洗立管及配件；5—连接弯管；
6—异径四通；7—连接管；8—挂式小便器；9—存水弯；10—压盖；11—锁紧螺母

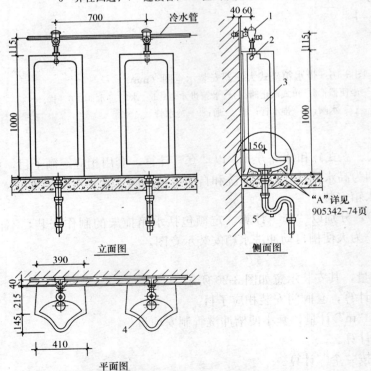

图 3-18 自闭式冲洗阀双联立式小便器安装示意图（mm）
1—延时自闭式冲洗阀；2—喷水鸭嘴；3—立式小便器；4—排水栓；5—存水弯

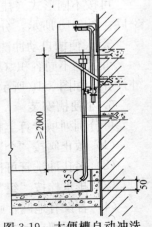

图 3-19 大便槽自动冲洗
水箱安装示意图（mm）

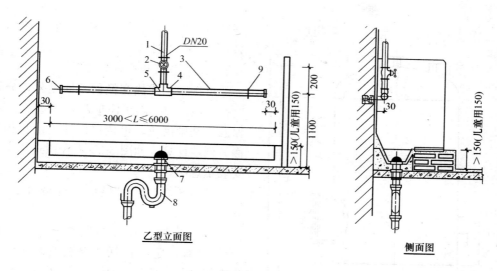

图 3-20 小便槽安装示意图（mm）
1—冷水管；2—截止阀；3—多孔管；4—补芯；5—三通；6—管帽；
7—罩式排水栓；8—存水弯；9—铜皮骑马

盥洗（槽）台安装示意如图 3-21 所示。台（槽）身工程量计算套用土建定额。属于安装内容的通常有下列项目：

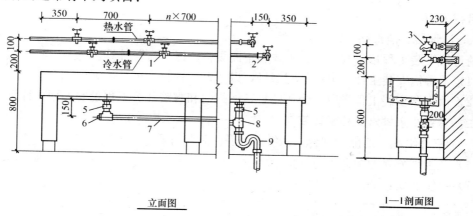

图 3-21 盥洗槽安装示意图（mm）
1—三通；2—弯头；3—水龙头；4—管接头；5—管接头；6—管塞；7—排水管；8—三通；9—存水弯

（1）管道安装按"m"计算，在室内给水排水管网工程中，套相应定额子目。
（2）水龙头按"个"计算，计入给水分部工程中。
（3）排水栓按"组"、地漏按"个"计算，分别计入排水分部工程中。

8. 水磨石、水泥制品的污水盆、拖布池、洗涤盆安装

套土建定额，安装子目工程量列项与计算同 7。

9. 开水炉安装

蒸汽间断式开水炉的安装工程量，可按其不同型号，以"台"计算。

10. 电热水器、电开水炉安装

电热水器的安装工程量，可根据不同安装方式（挂式和立式）和不同型号，分别以

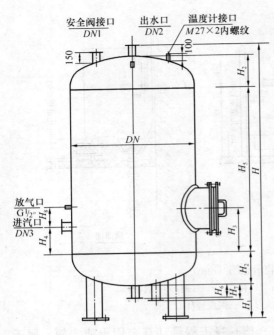

图 3-22 容积式热交换器安装示意图

"台"计算。电开水炉的工程量亦按不同型号,以"台"计算。

11. 容积式热交换器安装

可按容积式热交换器不同型号,分别以"台"计算。但定额不包括安全阀、温度计、保温与基础砌筑,可按照设计用量和相应定额另列项计算。如图 3-22 为容积式热交换器安装示意图。

12. 蒸汽—水加热器,冷热水混合器安装

(1) 蒸汽—水加热器的安装工程量以"套"计算,定额包括莲蓬头安装,但不包括支架制作、安装及阀门、疏水器安装,其工程量可按照相应定额另列项计算。

(2) 冷热水混合器的安装工程量可按照小型和大型分档,以"套"计算。定额中不包括支架制作、安装以及阀门安装,其工程量可另行列项。

13. 消毒器、消毒锅、饮水器安装

消毒器安装工程量可按湿式、干式和不同规格,以"台"计算。

(1) 消毒锅安装工程量可按不同型号,以"台"计算。

(2) 饮水器安装工程量以"台"计算,但阀门和脚踏开关工程量要另列项计算。

二、室外给水排水工程量计算

(一) 室外给水管道范围划分、系统所属及工程量计算

(1) 范围划分:如图 3-23 所示。

(2) 系统所属:如图 3-24 所示。

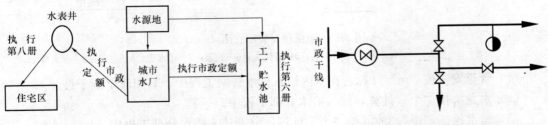

图 3-23 室外给水管道范围　　　　图 3-24 室外给水管道系统

(3) 工程量计算规则:

1) 以施工图所示管道中心线长度,按"m"计算,不扣除阀门、管件所占长度。

2) 同室内给水管道界线:从进户第一个水表井处或外墙皮 1.5m 处,与市政给水干管交接处为界点。

(4) 工程量常列项目:

1）阀门安装分螺纹、法兰连接，按直径分档，以"个"计算。
2）法兰盘安装以"副"计算。
3）水表安装工程计算，同室内给水管道水表安装。
4）室外消火栓、消防水泵结合器安装工程量如前述。
5）管道消毒、清洗，同室内给水管道安装工程量计算。

（二）室外排水管道范围划分、系统所属及工程量计算
（1）范围划分：如图 3-25 所示。
（2）系统所属：如图 3-26 所示。

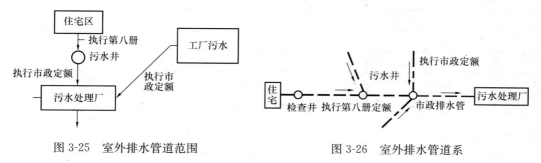

图 3-25　室外排水管道范围　　图 3-26　室外排水管道系

（3）工程量计算规则：
1）以施工图管道平面图和纵断面图所示中心线长度，按"m"计算，不扣除窨井、管件所占长度。
2）同室外排水管道界线：从室内排出口第一个检查井或外墙皮 1.5m 处，室外管道与市政排水管道碰头井为界点。

（4）工程量常列项目：
1）混凝土、钢筋混凝土管道，套土建定额。
2）污水井、检查井、窨井、化粪池等构筑物套土建定额。
3）室外排水管道沟、土石方工程量套土建定额。
4）承插铸铁排水管，可按不同接口材料以管径分档次，套第八册（篇）相应定额子目。

其余材质和不同连接方式的室外排水管道工程量计算以及定额套用同室内给水管道。只是分部工程子目不同。

（三）室内、外给水排水管道土石方工程量计算（其土石方量可套用土建定额）

（1）管道沟挖土方沟断面如图 3-27 所示。其方量可按下式计算：

$$V = h(b + 0.3h)l \quad (3-3)$$

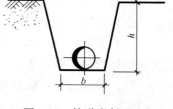

图 3-27　管道沟断面

式中　h——沟深，可按设计管底标高计算；
　　　b——沟底宽；
　　　l——沟长；
　　　0.3——放坡系数。

对于沟底宽度的计取，可按设计，若无设计时，按表 3-1 取定。

在计算管道沟土石方量时，对各种检查井、排水井以及排水管道接口加宽之处，多挖的土石方量不得增加。同时，铸铁给水管道接口处操作坑工程量必须增加，是按全部给水管道沟土方量的 2.5％计算增加量。

（2）管道沟回填土工程量：
1）DN500 以下的管沟回填土方量不扣除管道所占体积；
2）DN500 以上的管沟回填土方量可按照表 3-2 列出的数据扣除管道所占体积。

管道沟底宽取值　　　　　　　　　　（单位：m）　表 3-1

管径 DN（mm）	铸铁、钢、石棉水泥管道沟底宽（m）	混凝土、钢筋混凝土管道沟底宽（m）
50～75	0.60	0.80
100～200	0.70	0.90
250～350	0.80	1.00
400～450	1.00	1.30
500～600	1.30	1.5
700～800	1.60	1.80
900～1000	1.8	2.00

管道占回填土方量扣除表　　　（单位：m^3/m 沟长）　表 3-2

管径 DN（mm）	钢管道占回填土方量	铸铁管道占回填土方量	混凝土、钢筋混凝土管道占回填土方量
500～600	0.21	0.24	0.33
700～800	0.44	0.49	0.60
900～1000	0.71	0.77	0.92

第二节　采暖供热安装工程量计算

一、采暖供热系统基本组成及安装要求

（一）采暖系统组成

热水及蒸汽采暖系统通常由以下内容组成：
（1）热源：锅炉（热水或蒸汽）；
（2）管网系统：供热以及回水、冷凝水管道；
（3）散热设备：散热器、暖风机；
（4）辅助设备：膨胀水箱、集气罐、除污器、冷凝水收集器、减压器、疏水器等；
（5）循环水泵。如图 3-28 所示为热水采暖系统组成示意图。

（二）供热水系统组成

供热水系统组成内容如下：
（1）水加热器以及自动调温装置；
（2）管网系统包括供热水管和回水管；
（3）供水器；
（4）辅助设备有冷水箱、集气罐、除污器、疏水器等；

(5) 循环水泵。

供热水系统如图 3-29 所示。

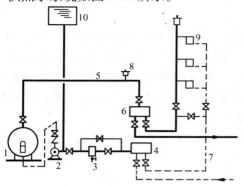

图 3-28 热水采暖系统

1—热水锅炉；2—循环水泵；3—除污器；4—集水器；5—供热水管；6—分水器；7—回水管；8—排气阀；9—散热器；10—膨胀水箱

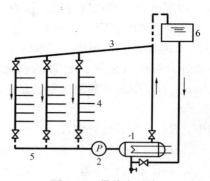

图 3-29 供热水系统

1—水加热器；2—循环水泵；3—供热水管；4—各楼层供水器；5—回水管；6—冷水箱

（三）采暖、供热管道安装要求

1. 管道安装要求

管道在室内敷设，通常采用明敷，室外管道一般采用架空或地沟内敷设；对于管道的连接，干管采用焊接、法兰连接或螺纹连接。一般室内低压蒸汽采暖系统，当 $DN>32mm$ 时，采用焊接或法兰连接，当 $DN\leqslant 32mm$ 时，采用螺纹连接。

2. 散热器安装程序

散热器安装程序为：组对—试压—就位—配管。

此外，散热器还要安装托钩或托架，其搭配数量如图 3-30、图 3-31 所示。

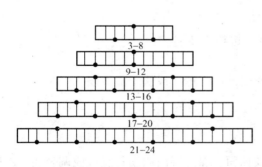

图 3-30 铸铁柱型散热器
（不带腿的托钩和固定卡数量与位置图）

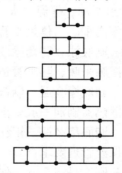

图 3-31 铸铁长翼型散热器
（托钩数量与位置图）

3. 管道系统吹扫、试压和检查

管道系统用水试压、采用压缩空气吹扫或清水冲洗、蒸汽冲洗等方法吹扫和清洗。通常分隐蔽性试验和最终试验。待检查试验压力 P_s 和系统压力 P 符合规定时，方可验收。

4. 管道支架、吊架制作和安装

采暖管道支架的种类，根据管道支架的作用、特点，可分为活动支架和固定支架。根据结构形式可分为托架、吊架、管卡。托、吊架多用于水平管道。支架埋于墙内不少于

120mm，材质可用角钢和槽钢等制作。支架的安装程序：下料—焊接—刷底漆—安装—刷面漆。

5. 采暖、供热水管穿墙过楼板安装套管

采暖管道的套管一般分不保温、保温和钢套管三种。不保温套管的规格可按比采暖管大 1～2 号确定，不预埋；保温时采用的套管，其内径通常比保温外径大 50mm 以上；防水套管分钢性和柔性。套管的材质采用镀锌薄钢板或钢管。套管伸出墙面或楼板面 20mm。当使用镀锌薄钢板制作套管时，其厚度通常为 $\delta=0.5\sim0.75$mm。面积计量如下：

$$\text{面积} \quad F=Bl \tag{3-4}$$

式中　B——套管展开宽度，$B=$（被套管直径$+20$）$\times \pi +$咬口 10； (3-5)

　　　l——套管展开长度，$l=$楼板或墙厚$+40$ (3-6)

6. 补偿器（伸缩器）制作安装要求

补偿器可在现场揻制或采用成品，其形式有波型补偿器、填料式套筒伸缩器。现场揻制的补偿器其制作安装程序如下：

揻制—拉紧固定—焊接—放松、油漆。

现场揻制补偿器形式如图 3-32 所示。

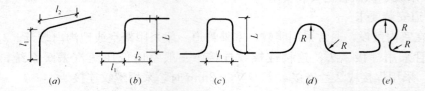

图 3-32　补偿器形式

(a) L形；(b) Z形；(c) U形；(d) 圆滑U形；(e) 圆滑琵琶形

7. 管道刷油、保温要求

(1) 室内采暖、供热水管道刷油要求：

除锈—刷底漆（防锈漆或红丹漆）1 遍—银粉漆 2 遍。

(2) 浴厕采暖、热水管道刷油要求：

除锈—刷底漆 2 遍—刷银粉漆 2 遍（或耐酸漆 1 遍，或快干漆 2 遍）。

(3) 散热器刷油一般要求：

除锈—刷底漆 2 遍—银粉漆 2 遍。

(4) 保温管道要求：

除锈—刷红丹漆 2 遍—保温层安装以及抹面—保温层面刷沥青漆（或调合漆）2 遍。

8. 减压器和疏水器

按设计要求，通常安装在采暖系统热入口处。

二、采暖、热水管道系统工程量计算

（一）采暖、热水管道工程量计算

采暖管道工程量计算顺序和计算要领同室内给水管道。

1. 工程量计算规则

(1) 以施工图所示管道中心线长度，按"延长米"计算，不扣阀门、管件以及伸缩器等所占长度，但要扣除散热器所占长度。

(2) 室内外管道界线划分规定：

1) 采暖建筑物入口设热入口装置者，以入口阀门为界，无入口装置者以建筑物外墙皮 1.5m 为界；

2) 室外系统与工业管道界线以锅炉房或泵站外墙皮为界；

3) 工厂车间内的采暖系统与工业管道碰头点为界；

4) 高层建筑内采暖管道系统与设在其内的加压泵站管道界线，以泵站外墙皮为界。

2. 套定额

管道安装定额包括：管道揻弯、焊接、试压等工作。

(1) 管道的支、吊、托架、管卡的制作与安装，室内采暖、供热水管道安装工程计量和定额套用与室内给水管道安装相同。

(2) 穿墙、过楼板套管工程计量方法同给水工程。

(3) 补偿器安装另列项计算。

(4) 定额中包括了弯管的制作与安装。

(5) 管道冲洗工程计量与套定额同给水管道。

(6) 钢管以及散热器等除锈、刷油、保温工程量计算可查阅定额十一册（篇）附录九表中数据，并套该册（篇）相应定额。

(二) 管道补偿器安装工程量计算

各种补偿器（方形、螺纹法兰套筒、焊接法兰套筒、波形等补偿器）制作安装工程量，均以"个"计算。方形补偿器的两臂，按臂长的两倍合并在管道长度内计算。

(三) 阀门安装工程计量

采暖管道工程中的阀门（螺纹、法兰）安装工程量均以"个"计算，同给水管道。

(四) 低压器具的组成与安装工程量计算

采暖、热水管道工程中的低压器具包括减压装置和疏水装置。

1. 减压器组成与安装工程量计算

可按减压器的不同连接方式（螺纹连接、焊接）以及公称直径，分别以"组"计算，如图 3-33、图 3-34 所示，分别为热水系统和蒸汽、凝结水管路的减压装置示意图。

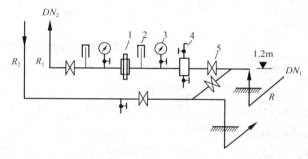

图 3-33 热水系统减压装置组成
1—调压板；2—温度计；3—压力表；4—除污器；5—阀门

2. 疏水器装置组成与安装工程量计算

可按疏水器不同连接方式和公称直径，分别以"组"计算。疏水器装置组成如图 3-35 示。

(1) 图 3-35 (a) 为疏水器不带旁通管；

(2) 图 3-35 (b) 为疏水器带旁通管；

(3) 图 3-35 (c) 为疏水器带滤清器，对于滤清器安装工程量可另列项计算，套用同规格阀门定额。

3. 单独安装减压阀、疏水器、安全阀

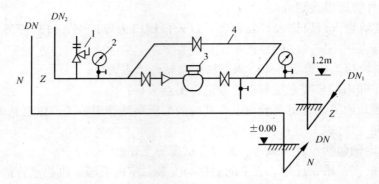

图 3-34 蒸汽、凝结水管路减压装置示意图
1—安全阀；2—压力表；3—减压阀；4—旁通管

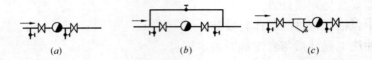

图 3-35 疏水器装置组成与安装

可按同管径阀门安装定额套用。但应注意地方定额中系数的规定及其各自的未计价价值，如图 3-36 所示。

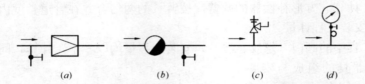

图 3-36 单独安装减压阀等
(a) 减压阀；(b) 疏水器；(c) 安全阀；(d) 弹簧压力表

（五）供暖器具安装工程量计算

(1) 铸铁散热器安装工程量（四柱、五柱、翼形、M132）均按"片"计算，定额中包括托钩制安，如图 3-37 所示。圆翼形按"节"计算。柱形挂装时，可套用 M132 型子目。柱形、M132 型铸铁散热器用拉条时，另行计算拉条。

(2) 光排管散热器制作安装工程量，可按排管长度"m"计算，根据管材不同直径并区分 A、B 型套相应定额。定额已包括联管长度，不再另行计算，如图 3-38 所示。

(3) 钢制散热器安装工程量：

1) 钢制闭式散热器，应区别不同型号，以"片"计算。如果主材不包括托钩者，托钩的价值另行计算。

2) 钢制板式、壁式散热器分别按不同型号或重量以"组"计算。定额中已包括托钩安装的人工和材料。

3) 钢制柱式散热器，应区别不同片数，以"组"计算。使用拉条时，拉条另行计算。

(4) 暖风机安装，可区别不同重量，以"台"计算。其支架另列项计量。

(5) 热空气幕安装工程量，可根据其不同型号和重量，以"台"计算。

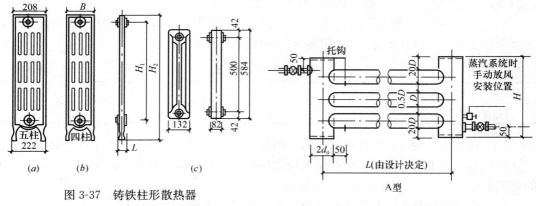

图 3-37 铸铁柱形散热器
(a) 五柱 800；(b) 四柱；(c) M132 型

图 3-38 光排管散热器

（六）小型容器制作和安装工程量计算

（1）钢板水箱（凝结水箱、膨胀水箱、补给水箱）：制作工程量，可按施工图所示尺寸，不扣除人孔、手孔重量，以"kg"计算。其法兰和短管水位计另套相应定额子目。圆形水箱制作，以外接矩形计算容积，套与方形水箱容积相同档次定额。

（2）钢板水箱安装，可按国家标准图集水箱容积"m^3"，执行相应定额。各种水箱安装，均以"个"计算。

（3）水箱中的各种连接管计入室内管网中。

（4）水箱中的水位计安装，可按"组"计算。

（5）水箱支架制作安装工程量：

1) 型钢支架，可按"kg"计算，套第八册（篇）相应定额子目。

2) 砖、混凝土、钢筋混凝土支架套土建定额。

（6）蒸汽分汽缸制作、安装工程量分别以"kg"和"个"计算，套第六册（篇）相应定额子目。

（7）集气罐制作、安装工程量均按"个"计算，分别套第六册（篇）相应定额子目。

第三节　水暖安装工程量计算需注意事项

一、定额中的有关说明

（1）定额编制依据：本定额是根据现行有关国家产品标准、设计规范、施工及验收规范、技术操作规程、质量评定标准和安全操作规程编制的，亦参考了行业、地方标准以及有代表性的工程设计、施工资料和其他资料。除定额规定者外，均不得调整。

（2）水暖工程预算定额中几项费用的规定：

1) 脚手架搭拆费按人工费的 5% 计算，其中人工工资占 25%。脚手架搭拆费属于综合系数。

2) 采暖工程系统调整费可按采暖工程人工费的 15% 计算，其中人工工资占 20%，可作为计费基础。

3) 高层建筑增加费，是指高度在 6 层或 20m 以上的工业与民用建筑，可按定额册

（篇）说明中的规定系数计算。高层建筑增加系数属于子目系数。

4) 超高增加费，指操作物高度以 3.6m 划界，若超过 3.6m，可按超过部分的定额人工费乘以下表中系数，见表 3-3。超高增加系数属于子目系数。

操作超高增加系数表　　　　　　　　　　　　　表 3-3

标高±（m）	3.6～8	3.6～12	3.6～16	3.6～20
超高系数	1.10	1.15	1.20	1.25

（3）设置于管道间、管廊内的管道、阀门、法兰、支架安装，人工乘以系数 1.3。

（4）当土建主体结构为现场浇筑采用钢模施工的工程内安装水、暖工程时，内外浇筑的人工乘以系数 1.05，采用内浇外砌的人工乘以系数 1.03。

二、水、暖安装工程与其他册（篇）定额之间的关系

（1）工业管道、生活与生产共用管道、锅炉房、泵房、高层建筑内加压泵房等管道，执行第六册（篇）《工业管道》相应定额。

（2）通冷冻水的管道（用于空调）执行第六册（篇）《工业管道》相应定额。

（3）各类泵、风机等执行第一册（篇）《机械设备安装工程》相应定额。

（4）仪表（压力表、温度计、流量计等）执行第十册（篇）《自动化控制仪表安装工程》相应定额。

（5）消防喷淋管道安装，执行第七册（篇）定额相应子目。

（6）管道、设备刷油、保温等执行第十一册（篇）《刷油、防腐蚀、绝热工程》相应定额。

（7）采暖、热水锅炉安装，执行第三册（篇）《热力设备安装工程》相应定额。

（8）管道沟挖土石方以及砌筑、浇筑混凝土等工程可执行地方《建筑工程预算定额》。

第四节　给水排水、采暖安装工程施工图预算编制案例

一、某宿舍给水排水安装工程施工图预算编制

（一）工程概况

（1）工程地址：本工程位于重庆市市中区；

（2）工程结构：本工程建筑结构为砖混结构，三层，建筑面积 2000m²，层高 3.2m。室内给水排水工程。

（二）编制依据

施工单位为某国营建筑公司，工程类别为二类。采用 2000 年《全国统一安装工程预算定额》，以及重庆市现行间接费用定额和某市现行材料预算价格或部分双方认定的市场采购价格。

合同中规定不计远地施工增加费和施工队伍迁移费。

（三）编制方法

（1）在熟读图纸、施工组织设计以及有关技术、经济文件的基础上，计算工程量。工程图如图 3-39、图 3-40 和图 3-41 所示。工程量计算见表 3-4。

（2）汇总工程量，见表 3-5。

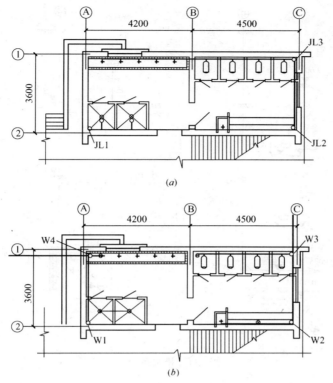

图 3-39 给水排水平面图
（a）给水平面图；（b）排水平面图

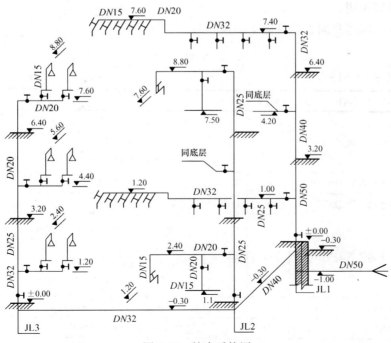

图 3-40 给水系统图

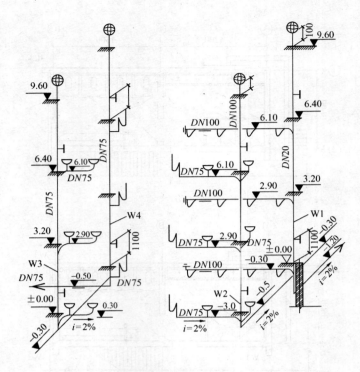

图 3-41 排水系统图

(3) 套用现行《全国统一安装工程预算定额》，进行工料分析，见工程计价表 3-6。
(4) 按照计费程序表计算工程直接费以及各项费用（略）。
(5) 写编制说明。
(6) 自校、填写封面、装订施工图预算书。

工 程 量 计 算 表　　　　　　　　　　　　表 3-4

单位工程名称：某宿舍给水排水工程　　　　　　　　　　　　　共 页 第 页

序号	分项工程名称	单位	数量	计 算 式	备注
1	承插排水铸铁管 $DN100$	m	32.74	①出户管：$1.5+0.24+1.2$ ②立管：$9.6+0.7$ ③水平管：$(4.5+4×0.5)×3$	W_1
2	承插排水铸铁管 $DN100$	m	13.96	（C轴）$(3.6-0.24)+0.3+9.6+0.7$	W_2
3	承插排水铸铁管 $DN75$	m	20.93	$(4.5/4×3+2×0.3)×3$层$+3×3$	W_2支管
4	承插排水铸铁管 $DN75$	m	23.65	①出户管：$(1.5+0.24)+(3.6-0.24)$ $+0.3$ ②立管：$9.6+0.7$ ③支管：$(0.85+1.2+2×0.3)×3$	W_3
5	承插排水铸铁管 $DN75$	m	11.7	$(9.6+0.7++0.5)+0.3×3$	W_4
6	地漏 $DN75$	个	15	$PL_2 2×3+PL_3 2×3+PL_4 1×3$	
7	清扫口 $DN100$	个	3		

续表

序号	分项工程名称	单位	数量	计 算 式	备注
8	埋地管刷沥青漆	m²	5.90	[(1.5+0.24+1.2)+(4.5+4×0.5)+(3.6−0.24)+0.3+(4.5/4×3+2×0.3)]×πD=17.08×3.14×0.11	$D=D_内+2\delta$
9	铸铁管刷银粉漆	m²	33.44	[32.78+13.95+15.53+22.80+12.7−17.08]×1.2πD=80.68×1.2×3.14×0.11	$D=D_内+2\delta$
10	给水镀锌钢管 DN50	m	3.74	1.5（进户）+0.24（穿墙）+1（负标高）+1（阀门变径处）	JL_1
11	给水镀锌钢管 DN40	m	6.56	(4.2−1)+(3.6−0.24)	JL_1
12	给水镀锌钢管 DN32	m	16.7	(7.4−4.2)+4.5×3层	JL_1
13	给水镀锌钢管 DN20	m	10.83	[4.2−0.24（墙厚）−0.35（距墙皮）]×3层	JL_1
14	给水镀锌钢管 DN15	m	3	0.2×5×3层	JL_1
15	给水镀锌钢管 DN25	m	9.1	8.8+0.3	JL_2
16	给水镀锌钢管 DN20	m	10.13	(4.5/4×3)×3层	JL_2
17	给水镀锌钢管 DN15	m	4.2	(1.2+0.2)×3层	JL_2
18	多孔冲洗管 DN15	m	10.13	(4.5/4×3)×3	JL_2
19	给水镀锌钢管 DN32	m	9.96	(4.2+4.5−0.24−0.3)+1.2	JL_3
20	给水镀锌钢管 DN25	m	3.2	4.4−1.2	JL_3
21	给水镀锌钢管 DN20	m	8	7.6−4.4+2×1.8×3层	JL_3
22	钢管冷热水淋浴器	组	6	2×3层	JL_3
23	阀门 DN50	个	1		
24	阀门 DN32	个	4	1×3+1	
25	阀门 DN25	个	1		
26	阀门 DN20	个	6	1×3+1×3	
27	手压延时阀蹲式便器	套	12	4×3	
28	水龙头	个	18	5×3+1×3	

工程量汇总表　　　　表3-5

单位工程名称：某宿舍给水排水工程

序号	分项工程名称	单位	数量	备注
1	承插排水铸铁管 DN100	m	46.7	W_1、W_2
2	承插排水铸铁管 DN75	m	56.28	W_2支管、W_4、W_3
3	地漏 DN75	个	15	W_2、W_3、W_4
4	清扫口 DN100	个	3	
5	埋地管刷沥青漆	m²	5.90	
6	铸铁管刷银粉漆	m²	33.44	

续表

序号	分项工程名称	单位	数量	备注
7	给水镀锌钢管 DN50	m	3.74	
8	给水镀锌钢管 DN40	m	6.56	
9	给水镀锌钢管 DN32	m	26.66	JL₁、JL₃
10	给水镀锌钢管 DN25	m	12.30	JL₂、JL₃
11	给水镀锌钢管 DN20	m	28.96	JL₁、JL₂、JL₃
12	给水镀锌钢管 DN15	m	7.2	JL₁、JL₃
13	多孔冲洗管 DN15	m	10.13	JL₂
14	钢管冷热水淋浴器	组	6	JL₃
15	阀门 DN50	个	1	
16	阀门 DN32	个	4	
17	阀门 DN25	个	1	
18	阀门 DN20	个	6	
19	手压延时阀蹲式便器	套	12	
20	水龙头 DN15	个	18	

工程计价表 表3-6

单位工程名称：某宿舍给水排水工程

定额编号	分项工程项目	单位	工程数量	单位价值 人工费	单位价值 材料费	单位价值 机械费	合计价值 人工费	合计价值 材料费	合计价值 机械费	未计价材料 损耗	未计价材料 数量	未计价材料 单价	未计价材料 合价
8—140	承插排水铸铁管 DN100（石棉水泥接口）	10m	4.67	80.34	298.34		375.19	1393.25		8.9	41.56	36.70	1525
	接头零件	10m	4.67							10.55	48.95	20.57	1007
8—139	承插排水铸铁管 DN75（石棉水泥接口）	10m	5.63	62.23	199.51		350.36	1123.24		9.3	52.36	28.00	1466
	接头零件	10m	5.63							9.04	50.90	15.99	814
8—448	铸铁地漏 DN75	10个	1.5	86.61	30.80		129.91	46.20		10	15	12.00	180
8—453	清扫口 DN100	10个	0.3	22.52	1.70		6.76	0.51		10	3	12.00	36
11—1	铸铁管人工除锈	10m²	3.93	7.89	3.38		31.00	13.28					
11—202	铸铁埋地管刷沥青漆一遍	10m²	0.59	8.36	1.54		4.93	0.91					
11—203	铸铁埋地管刷沥青漆二遍	10m²	0.59	8.13	1.37		4.80	0.80					
11—198	铸铁管刷防锈漆一遍	10m²	3.34	7.66	1.19		25.58	3.98					

续表

定额编号	分项工程项目	单位	工程数量	单位价值 人工费	单位价值 材料费	单位价值 机械费	合计价值 人工费	合计价值 材料费	合计价值 机械费	未计价材料 损耗	未计价材料 数量	未计价材料 单价	未计价材料 合价
11—200	铸铁管刷银粉漆一遍	10m²	3.34	7.89	5.34		26.35	17.84					
11—201	铸铁管刷银粉漆二遍	10m²	3.34	7.66	4.71		25.58	15.73					
8—92	给水镀锌钢管DN50（螺纹连接）	10m	0.374	62.23	45.04	2.86	23.27	16.85	1.07	10.2	3.81	20.00	76.20
	接头零件	10m	0.374							6.51	2.43	5.87	14.29
8—91	给水镀锌钢管DN40（螺纹连接）	10m	0.66	60.84	31.38	1.03	40.15	20.71	0.68	10.2	6.73	16.00	107.8
	接头零件	10m	0.66							7.16	4.73	3.53	16.70
8—90	给水镀锌钢管DN32（螺纹连接）	10m	2.67	51.08	33.45	1.03	136.38	89.31	2.75	10.2	27.23	11.50	313.2
	接头零件	10m	2.67							8.03	21.44	2.74	58.75
8—89	给水镀锌钢管DN25（螺纹连接）	10m	1.23	51.08	30.80	1.03	62.83	37.88	31.72	10.2	12.55	9.00	112.9
	接头零件	10m	1.23							9.78	12.03	1.85	22.26
8—88	给水镀锌钢管DN20（螺纹连接）	10m	2.90	42.49	24.23		123.22	70.27		10.2	29.58	6.00	177.5
	接头零件	10m	2.90							11.52	33.40	1.14	38.09
8—87	给水镀锌钢管DN15（螺纹连接）	10m	0.72	42.49	22.96		30.59	16.53		10.2	7.34	5.00	36.72
	接头零件	10m	0.72							16.37	11.79	0.8	9.43
8—456	多孔冲洗管DN15	10m	1.01	150.7	83.06	12.48	152.21	83.89	12.61	10.2	10.3	5.00	51.50
	接头零件	10m	1.01							9	9.09	1.6	14.54
8—404	钢管冷热水淋浴器	10组	0.6	130.03	470.16		78.02	282.10					
	莲蓬	10组	0.6							10	6	4.5	27
8—410	手压延时阀蹲式便器	10套	1.2	133.75	432.44		160.5	518.93					
	瓷蹲式大便器	10套	1.2							10.10	12.12	160	1939
	大便器手压阀DN25	10套	1.2							10.10	12.12	14.0	170

续表

定额编号	分项工程项目	单位	工程数量	单位价值			合计价值			未计价材料			
				人工费	材料费	机械费	人工费	材料费	机械费	损耗	数量	单价	合价
8—438	水龙头 DN15	10个	1.8	6.5	0.98		11.7	1.76		10.10	18.18	9.0	163.6
8—230	给水管道消毒冲洗	100m	0.96	12.07	8.42		11.59	8.08					
8—246	截止阀 DN50	个	1	5.80	9.26		5.8	9.26		1.01	1.01	62.0	62.62
8—244	截止阀 DN32	个	4	3.48	5.09		13.92	20.36		1.01	4.04	32.0	129.3
8—243	截止阀 DN25	个	1	2.79	3.45		2.79	3.45		1.01	1.01	20.0	20.2
8—242	截止阀 DN20	个	6	2.32	2.68		13.92	16.08		1.01	6.06	18.0	109.1
	合计						1847.35	3811.20	18.38				8699

二、某医院办公楼热水采暖安装工程施工图预算编制

（一）工程概况

（1）工程地址：本工程位于重庆市市中区；

（2）工程结构：办公楼为二层砖混结构，层高3.2m。室内采暖工程。

（二）编制依据

施工单位为某国营建筑公司，工程类别为一类。采用2000年《全国统一安装工程预算定额》，以及重庆市现行间接费用定额和某市现行材料预算价格或部分双方认定的市场采购价格。

合同中规定不计远地施工增加费和施工队伍迁移费。

（三）编制方法

（1）在熟读图纸、施工组织设计以及有关技术、经济文件的基础上，计算工程量。工程图如图3-42、图3-43和图3-44所示。工程量计算表见表3-7。

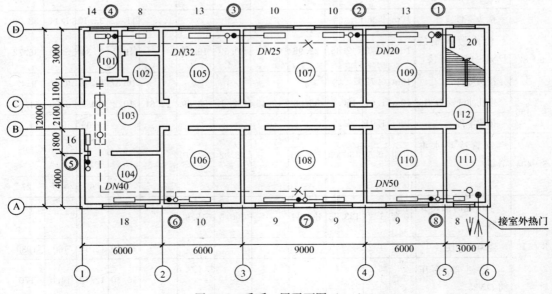

图3-42 采暖一层平面图（mm）

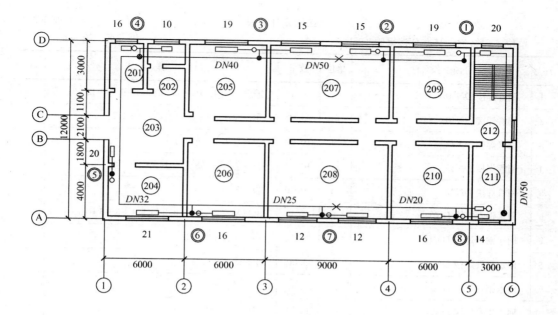

图 3-43 采暖二层平面图（mm）

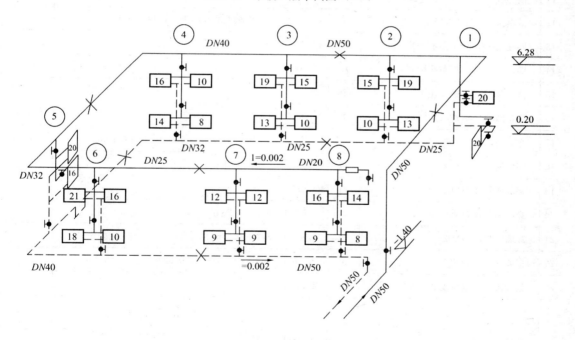

图 3-44 采暖工程系统图

（2）汇总工程量，见表 3-8。
（3）套用现行《全国统一安装工程预算定额》，进行工料分析，见表 3-9。
（4）按照计费程序表计算工程直接费以及各项费用（略）。
（5）写编制说明。
（6）自校、填写封面、装订施工图预算书。

工程量计算表　　　　　　　　　　　　　　　　　　　表 3-7

单位工程名称：某办公楼采暖工程　　　　　　　　　　　　共　页　第　页

序号	分项工程名称	单位	数量	计 算 式	备注
1	钢管焊接 DN50	m	39.42	进户及室内：1.5+0.24+1.4+6.28+12+3+15	
2	钢管焊接 DN40	m	20.00	③～⑤：6×2+3+1.1+2.1+1.8	
3	钢管焊接 DN32	m	10.00	⑤～⑥等：4+6	
4	钢管焊接 DN25	m	10.50	⑥～⑦：6+4.5	
5	钢管焊接 DN20	m	10.50	⑦～⑧：4.5+6	
6	回水钢管焊接 DN50	m	27.14	出户及室内：1.5+0.24+1.4+3+6+15	
7	回水钢管焊接 DN40	m	21.00	⑥～④：6+12+3	
8	回水钢管焊接 DN32	m	9.00	④～③：3+6	
9	回水钢管焊接 DN25	m	9.00	③～②：9	
10	回水钢管焊接 DN20	m	7.50	②～①：6+1.5	
11	供、回水立管 DN15（螺纹连接）	m	66.14	(6.28−0.813−0.2+3.2−0.2)×8 组	
12	散热器横连管 DN15（螺纹连接）	m	156.83	6×28 根−392/2×0.057 厚	
13	四柱 813 型散热器（有腿）	片	225.00		
14	四柱 813 型散热器（无腿）	片	167.00		
15	截止阀 DN15（螺纹连接）	个	27.00		
16	截止阀 DN50（螺纹连接）	个	2.00	1+1	供、回
17	穿墙钢套管 DN80	m	3.08	11 个×(0.24+2×0.02)=11×0.28m	
18	穿墙钢套管 DN70	m	0.84	3 个×0.28m	
19	穿墙钢套管 DN50	m	1.68	6 个×0.28m	
20	穿墙钢套管 DN40	m	1.68	6 个×0.28m	
21	穿墙钢套管 DN32	m	0.84	3 个×0.28m	
22	穿墙钢套管 DN25	m	2.56	16 个×(0.12+2×0.02)=16 个×0.16m	
23	集气罐 ϕ150 Ⅱ型安装	个	1.00		
24	管道除锈刷油	m²	40.44	DN15　　　DN20　　　DN25 222.96×0.069+18×0.0879+ 19.50×0.1059 DN32　　　DN40　　　DN50 22×0.1413+38×0.1507+ 66.71×0.1885	
25	散热器除锈刷油	m²	109.76	(225+167)×0.28 m²/片	
26	管道支架 L50×5	kg	19.22	15×0.34m/个×3.77kg/m	
27	散热器托钩 ϕ16	kg	43.82	(17×3+11×5)×0.262m/个×1.578kg/m	

工程量汇总表

表 3-8

单位工程名称：某办公楼采暖工程

序号	分项工程名称	单位	数量	备注
1	钢管焊接 $DN50$	m	66.56	
2	钢管焊接 $DN40$	m	41.00	
3	钢管焊接 $DN32$	m	19.00	
4	钢管焊接 $DN25$	m	19.50	
5	钢管焊接 $DN20$	m	18.00	
6	镀锌钢管 $DN15$（螺纹连接）	m	222.97	
7	四柱813型散热器（有腿）	片	225.00	225×7.99kg/片（有脚）＝1797.8
8	四柱813型散热器（无腿）	片	167.00	167×7.55kg/片（无脚）＝1260.9
9	截止阀 $DN15$（螺纹连接）	个	27.00	
10	截止阀 $DN50$（螺纹连接）	个	2.00	
11	穿墙钢套管	个	45.00	
12	集气罐 $\phi150$ Ⅱ型安装	个	1.00	
13	管道除锈刷油	m²	40.44	
14	散热器除锈刷油	m²	109.76	
15	管道支架 L50×5	kg	19.22	
16				
17				
18				
19				

工程计价表

表 3-9

单位工程名称：某办公楼采暖工程

定额编号	分项工程项目	单位	工程数量	单位价值 人工费	单位价值 材料费	单位价值 机械费	合计价值 人工费	合计价值 材料费	合计价值 机械费	未计价材料 损耗	未计价材料 数量	未计价材料 单价	未计价材料 合价
8-111	钢管焊接 $DN50$	10m	6.66	46.21	11.10	6.37	307.76	73.93	42.42	10.2	67.93	16.00	1087
8-110	钢管焊接 $DN40$	10m	4.10	42.03	6.19	5.89	172.32	25.38	24.15	10.2	41.82	12.70	531
8-109	钢管焊接 $DN32$	10m	1.9	38.55	5.11	5.42	73.25	9.80	10.30	10.2	19.38	10.50	204
8-109	钢管焊接 $DN25$	10m	1.95	38.55	5.11	5.42	75.17	9.97	10.57	10.2	19.89	8.00	159
8-109	钢管焊接 $DN20$	10m	1.80	38.55	5.11	5.42	69.39	9.20	9.76	10.2	18.36	5.50	101
8-87	镀锌钢管 $DN15$（螺纹连接）	10m	22.30	42.49	22.96		947.53	512.01		10.2	227.5	5.00	1138
8-491	四柱813型散热器(有腿)	10片	22.50	9.61	78.12		216.30	1757.70		10.10	227.3	30	6819

续表

定额编号	分项工程项目	单位	工程数量	单位价值 人工费	单位价值 材料费	单位价值 机械费	合计价值 人工费	合计价值 材料费	合计价值 机械费	未计价材料 损耗	未计价材料 数量	未计价材料 单价	未计价材料 合价
8-490	四柱813型散热器（无腿）	10片	16.70	14.16	27.11		236.47	452.74		10.10	168.7	27	4555
8-241	截止阀DN15（螺纹连接）	个	27	2.36	2.11		63.72	56.97		1.01	27.27	18	491
8-246	截止阀DN50（螺纹连接）	个	2	5.80	9.26		11.60	18.52		1.01	2.02	65	131
6-2972	穿墙钢套管DN80	个	11	8.66	5.58	0.48	95.26	61.38	5.28	0.3m	3.3	26	86
6-2972	穿墙钢套管DN70	个	3	8.66	5.58	0.48	25.98	16.74	1.44	0.3m	0.9	20	18
6-2971	穿墙钢套管DN50	个	6	3.09	2.69	0.48	18.54	16.14	2.88	0.3m	1.8	16	29
6-2971	穿墙钢套管DN40	个	6	3.09	2.69	0.48	18.54	16.14	2.88	0.3m	1.8	12.7	23
6-2971	穿墙钢套管DN32	个	3	3.09	2.69	0.48	9.27	8.07	1.44	0.3m	0.9	10.5	10
6-2971	穿墙钢套管DN25	个	16	3.09	2.69	0.48	49.44	43.04	7.68	0.3m	4.8	8.0	38
6-2896	集气罐φ150 Ⅱ型制作	个	1	15.56	14.15	4.13	15.56	14.15	4.13	0.3m	0.3m	45	14
6-2901	集气罐φ150 Ⅱ型安装	个	1	6.27			6.27			1.00	1.00	65	65
11-1	管道人工除锈	10m²	4.04	7.89	3.38		31.88	13.66					
11-7	散热器人工除锈	100kg	30.59	7.89	2.50	6.96	241.4	76.48	212.9				
11-51	管道刷底漆一遍	10m²	4.04	6.27	1.07		25.33	4.32		1.47	5.94	6.00	36
11-56	管道刷银粉漆第一遍	10m²	4.04	6.50	4.81		26.26	19.43		0.36	1.45	2.00	3.00
11-57	管道刷银粉漆第二遍	10m²	4.04	6.27	4.37		25.33	17.66		0.33	1.33	1.50	2.00
11-198	散热器刷红丹漆一遍	10m²	10.98	7.66	1.19		84.11	13.07		1.05	11.53	6.00	69
11-200	散热器刷银粉漆第一遍	10m²	10.98	7.89	5.34		86.63	58.63		0.45	4.94	6.00	30
11-201	散热器刷银粉漆第二遍	10m²	10.98	7.66	4.71		84.11	51.72		0.41	4.51	6.00	28
8-230	管道冲洗	100m	3.87	12.07	8.42		46.71	32.59					
8-178	钢管支架DN50内	100kg	0.019	235.45	194.20	224.26	4.47	3.69	4.26	106	2.01	2.80	6
	合计						3068.6	3394.33	340.1				15673

注：管接头零件的计算方法同实例一。

思 考 题

1. 分别简述给水排水管道系统组成和工程量计算规律。简述采暖管道系统组成和工程量计算规律。
2. 简述给水水表组、消火栓、消防水泵结合器的组成和工程量如何计算？
3. 热水采暖和蒸汽采暖过门地沟处理有什么不同？工程量计算时应注意哪些问题？
4. 简述低压供暖器具的组成。简述疏水器的安装部位和工程量如何计算？
5. 简述卫生器具的组成和工程量如何计算？
6. 简述散热器种类和工程量如何计算？
7. 在散热器安装时，什么情况下计算托钩？如何计算？
8. 圆形水箱如何计算？水箱的连接管通常有哪些？怎样计算？
9. 在管道工程中，定额对支架工程量计算有些什么规定？
10. 在管道工程中，定额对穿墙、穿楼板等套管工程量计算有些什么规定？
11. 热水管道安装工程计算系统调试费否？为什么？
12. 试述高层建筑增加费、层操作高度增加费、脚手架搭拆费以及采暖工程系统调整费如何计算？

第四章 通风与空调安装工程施工图预算

第一节 通风安装工程量计算

一、通风工程系统组成

（一）送风（J）系统组成

送风系统组成如图 4-1 所示。

(1) 新风口：新鲜空气入口。

(2) 空气处理室：进行空气过滤、加热、加湿等处理。

(3) 通风机：将处理后的空气送入风管内。

(4) 送风管：将通风机送来的空气送到各个房间。管上安装有调节阀、送风口、防火阀、检查孔等部件。

(5) 回风管：又称排风管，将浊气吸入管内，再送回空气处理室。管上安有回风口、防火阀等部件。

(6) 送（出）风口：将处理后的空气均匀送入房间。

(7) 吸（回、排）风口：将房间内浊气吸入回风管道，送回空气处理室进行处理。

(8) 管道配件（管件）：弯头、三通、四通、异径管、法兰盘、导流片、静压箱等。

(9) 管道部件：各种风口、阀、排气罩、风帽、检查孔、测定孔以及风管支、吊、托架等。

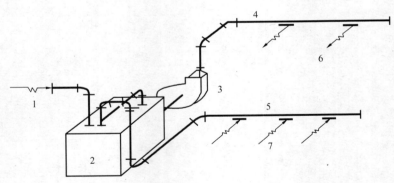

图 4-1 送风（J）系统组成示意图
1—新风口；2—空气处理室；3—通风机；4—送风管；5—回风管；
6—送（出）风口；7—吸（回）风口

（二）排风（P）系统组成

排风系统组成如图 4-2 所示。

(1) 排风口：将浊气吸入排风管内，有吸风口、排风口、侧吸罩、吸风罩等部件；

(2) 排风管：输送浊气的管道；

(3) 排风机:将浊气通过机械能量从排气管中排出;

(4) 风帽:将浊气排入大气中,以防止空气倒灌并且防止雨水灌入的部件;

(5) 除尘器:用排风机的吸力将带灰尘以及有害物吸入除尘器中,再将尘粒集中排除;

(6) 其他管件和部件等。

二、通风安装工程量计算

(一)通风管道安装工程量计算

1. 风管制作安装及套定额

采用薄钢板、镀锌钢板、不锈钢板、铝板和塑料板等板材制作安装的风管工程量,以施工图图示风管中心线长度,支管以其中心线交点划分,按风管不同断面形状,以展开面积"m^2"计算。可按材质、风管形状、直径大小以及板材厚度分别套相应定额子目。

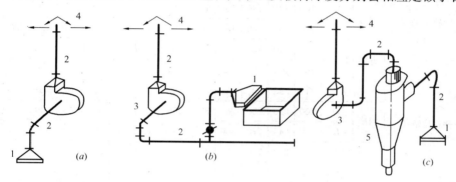

图 4-2 排风系统组成示意图

(a) P系统;(b) 侧吸罩P系统;(c) 除尘P系统

1—排风口(侧吸罩);2—排风管;3—排风机;4—风帽;5—除尘器

不扣除检查孔、测定孔、送风口、吸风口等所占面积。亦不增加咬口重叠部分。风管制作安装定额包括:弯头、三通、变径管、天圆地方等配件(管件)以及法兰、加固框、吊、支、拖架的制作安装。不包括部件所占长度,其部件长度取值可按表 4-1、表 4-2 计取。

密闭式斜插板阀长度 表 4-1

型号	1	2	3	4	5	6	7	8	9	10	11	12	13	14	15	16	17	18	19	20	21	22	23	24
D	80	85	90	95	100	105	110	115	120	125	130	135	140	145	150	155	160	165	170	175	180	185	190	195
L	280	285	290	300	305	310	315	320	325	330	335	340	345	350	355	360	365	365	370	375	380	385	390	395
型号	25	26	27	28	29	30	31	32	33	34	35	36	37	38	39	40	41	42	43	44	45	46	47	48
D	200	205	210	215	220	225	230	235	240	245	250	255	260	265	270	275	280	285	290	300	310	320	330	340
L	400	405	410	415	420	425	430	435	440	445	450	455	460	465	470	475	480	485	490	500	510	520	530	540

注:D 为风管直径。

当计算了风管材质的未计价材料后,还要计算法兰以及加固框、吊、支、拖架的材料数量,列入材料汇总表中。

风管制作安装定额中不包括：过跨风管的落地支架制安。其工程量可按扩大计量单位"100kg"计算。套用第九册（篇）《通风空调工程》定额第七章"设备支架"子目。

薄钢板风管中的板材，当设计厚度不同时可换算，但人工、机械不变。

各种风阀长度　　　　　表 4-2

1	蝶阀			$L=150$（mm）											
2	止回阀			$L=300$（mm）											
3	密闭式对开多叶调节阀			$L=210$（mm）											
4	圆形风管防火阀			$L=D+240$（mm）											
5	矩形风管防火阀			$L=B+240$（mm）											
6	塑料手柄式蝶阀	型号		1	2	3	4	5	6	7	8	9	10	11	12	13	14
		圆形	D	100	120	140	160	180	200	220	250	280	320	360	400	450	500
			L	160	160	160	180	200	220	240	270	380	240	380	420	470	520
		方形	A	120	160	200	250	320	400	500							
			L	160	180	220	270	340	420	520							
7	塑料拉链式蝶阀	型号		1	2	3	4	5	6	7	8	9	10	11			
		圆形	D	200	220	250	280	320	360	400	450	500	560	630			
			L	240	240	270	300	340	380	420	470	520	580	650			
		方形	A	200	250	320	400	500	630								
			L	240	270	340	400	520	650								
8	塑料圆形插板阀	型号		1	2	3	4	5	6	7	8	9	10	11			
		圆形	D	200	220	250	280	320	360	400	450	500	560	630			
			L	200	200	200	200	300	300	300	300	300	300	300			
		方形	A	200	250	320	400	500	630								
			L	200	200	200	200	300	300								

注：D 为风管外径；A 为方形风管外边宽；L 为风阀长度；B 为风管高度。

（1）圆管　　　　　　　　　　　$F_圆 = \pi \times D \times L$ 　　　　　　　　　　　(4-1)

式中　$F_圆$——圆形风管展开面积（m²）；

　　　D——圆形风管直径；

　　　L——管道中心线长度。

矩形风管可按图示周长乘以管道中心线长度计量。即：

$$F_矩 = 2(A+B)L \quad (4-2)$$

式中　A、B——分别为矩形风管断面的大边长和小边长；

　　　$F_矩$——矩形风管展开面积（m²）。

（2）当风管为均匀送风的渐缩管时，圆形风管可按平均直径计算，矩形风管按平均周长计算，再套用相应定额子目，且人工乘以系数 2.5。

【例 4-1】 如图 4-3 所示，主管和支管的展开面积分别为 $F_1 = \pi D_1 L_1$（m²）、$F_2 = \pi D_2 L_2$（m²）。

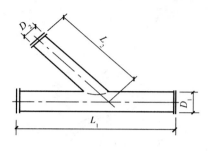 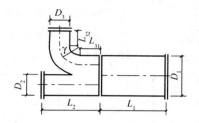

图 4-3　主管与支管的分界点　　　　图 4-4　弯管三通各部分展开面积的计量

【**例 4-2**】　如图 4-4 所示的弯管三通，主风管、直支风管、弯管支风管的展开面积分别为：$F_1 = \pi D_1 L_1 (\text{m}^2)$

$$F_2 = \pi D_2 L_2 (\text{m}^2)$$
$$F_3 = \pi D_3 (L_{31} + L_{32} + r\theta) (\text{m}^2)$$

式中　r、θ——分别为弯管的弯曲半径(m)与弯曲弧度。

【**例 4-3**】　如图 4-5 所示，为渐缩风管均匀送风，其大端周长为 $2 \times (0.6 + 1.0) = 3.2\text{m}$，小端周长为 $2 \times (0.6 + 0.35) = 1.9\text{m}$，则平均周长为 $l_{均} = (3.2 + 1.9)/2 = 2.55\text{m}$，故该风管的展开面积为：

$$F = l_{均} \cdot L = 2.55 \times 27.6 = 70.38 \text{m}^2$$

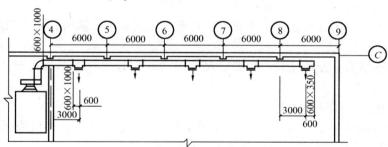

图 4-5　渐缩风管图

（3）柔性软风管适用于由金属、涂塑化纤织物、聚酯、聚乙烯、聚氯乙烯薄膜、铝箔等材料制作的软风管。安装工程量按图示中心线长度以"m"计算。其阀门安装以"个"计算。

（4）空气幕送风管制作安装，可按矩形风管断面平均周长计算，套相应子目，人工乘以系数 3.0。

其支架制作安装可另行计算，套相应子目。

2. 风管导流叶片的制作与安装

为了减少空气在弯头处的阻力损失，内弧形和内斜线矩形弯头的外边长不小于 50mm 时，弯管内应设导流叶片。其构造可分单、双叶片，如图 4-6 所示。风管导流叶片的制作安装工程量可按图示叶片的面积计算。

导流叶片面积计算式如下：

(1) 单叶片面积：$F_单 = r\theta B$ (m²)　　　　　　　　　　　　　　　　　　　　　(4-3)

(2) 双叶片面积：$F_双 = (r_1\theta_1 + r_2\theta_2) B$ (m²)　　　　　　　　　　　　　(4-4)

式中　r_1、r_2——内外叶片的弯曲半径（m）；

　　　θ_1、θ_2——内外叶片的弯曲弧度；

　　　B——叶片宽度。

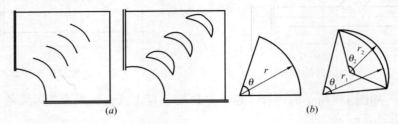

图 4-6　导流叶片展开面积

亦可按表 4-3 计算叶片面积。定额不分单、双和香蕉形双叶片均执行同一项目。

单导流叶片表面积表　　　　　　　　　表 4-3

风管高 B（m）	200	250	320	400	500	630	800	1000	1250	1600	2000
导流叶片表面积（m²）	0.075	0.091	0.114	0.140	0.170	0.216	0.273	0.425	0.502	0.623	0.755

3. 软管（帆布接头）制作安装

为防止风机在运行中产生的振动和噪声经过风管穿入各机房，一般在风机的吸入口或排风口或风管与部件的连接处设柔性软管。材质可用人造革、帆布、防火耐高温等材料。长度一般在 150～200m。

软管（帆布接头）制作安装，按图示尺寸以"m²"计算（无图规定时，可考虑管周长×0.3m）。

4. 风管检查孔制作与安装

风管检查孔制作与安装可按扩大的计量单位"100kg"计算，亦可查国家标准图集 T604 或第九册（篇）定额附录《国际通风部件标准重量表》。

5. 温度与风量测定孔制安

温度与风量测定孔制安，可按型号不同以"个"计算，套相应定额子目。

（二）风管部件制作与安装工程量计算

1. 阀类制作与安装

阀类制作工程量可按重量，以"100 kg"计算，安装按"个"计算。对于标准部件的重量，可根据设计型号、规格查阅《通风空调工程》第九册（篇）附录中《国家通风部件标准重量表》进行计量。如果是非标准部件，则按重量计算。通常风管通风系统用阀类为：空气加热上旁通阀、圆形瓣式启动阀、圆形（保温）蝶阀、方形以及矩形（保温）蝶阀、圆形以及方形风管止回阀、密闭式斜插板阀、矩形风管三通调节阀、对开多叶调节阀、风管防火阀等，可查阅国标 T101、T301、T302、T303、T309、T310、89T311、T356 等图集。

2. 风口制作与安装

通风工程中风口制作工程量大部分按"100kg"扩大计量单位计算，安装工程量以

"个"计算。通常按重量计算的风口有：带调节板活动百叶风口、单层百叶风口、双层百叶风口、三层百叶风口、连动百叶风口、矩形风口、风管插板风口、旋转吹风口、圆形直片散流器、矩形空气分布器、方形直片散流器、流线型散流器、单（双）面送风口、活动箅式风口、网式风口、135型单（双）层百叶风口、135型带导流片百叶风口、活动金属百叶风口等。

钢百叶窗以及活动金属百叶风口的制作按"m^2"计算，安装按"个"计算。

风口重量可查阅国标 T202、T203、T206、T208、T209、T212、T261、T262、CT211、CT263、J718 等图集，或第九册（篇）定额附录《国家通风部件标准重量表》。

3. 风帽制作与安装

排风系统中，常见的风帽有伞形、筒形和锥形风帽，其形状如图 4-7、图 4-8、图 4-9 所示。

风帽制作与安装工程量按扩大计量单位"100kg"，并查阅国标 T609、T610、T611 或第九册（篇）附录中《国际通风部件标准重量表》计算。

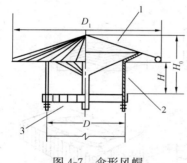

图 4-7 伞形风帽

1—伞形罩；2—支撑；3—法兰

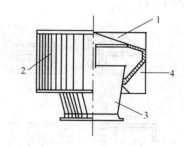

图 4-8 筒形风帽

1—伞形罩；2—外筒；3—扩散管；4—支撑

4. 风帽泛水制作与安装

当风管穿过屋面时，为阻止雨水渗入，通常安装风帽泛水，其形状分圆形和方形两种，工程量分不同规格，按图示展开面积以"m^2"计算，如图 4-10 所示。

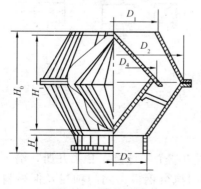

图 4-9 锥形风帽

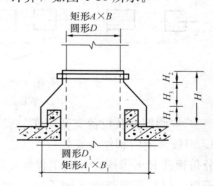

图 4-10 风帽泛水

圆形展开面积： $$F=\frac{(D_1+D)}{2}\pi H_3+D\pi H_2+D_1\pi H_1 \tag{4-5}$$

方、矩形展开面积： $$F=[2(A+B)+2(A_1+B_1)]\div 2H_3+2(A+B)H_2$$

$$+2(A_1+B_1)H_1 \tag{4-6}$$

式中　$H=D$ 或为风管大边长 A；

$$H_1=100\sim150mm;\quad H_2=50\sim150mm$$

5. 风管笮绳（牵引绳）

风管笮绳可按重量计算，套相应定额子目。

6. 罩类制作与安装

罩类指通风系统中的风机皮带防护罩、电动机防雨罩等，其工程量可查阅国标 T108、T110 按重量计算。

侧吸罩、排气罩、吹、吸式槽边罩、抽风罩、回转罩等可查阅第九册（篇）定额附录，按重量计算。

7. 消声器制作与安装

消声器通常有阻性和抗性、共振性、宽频带复合式消声器等。如图 4-11、图 4-12 即为阻性和抗性消声器示意图。消声器制作与安装工程量可查阅国标 T701，按重量计算，套相应定额子目。

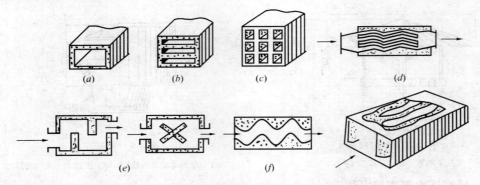

图 4-11　阻性消声器构造形式
(a) 管式；(b) 片式；(c) 蜂窝式；(d) 折板式；(e) 迷宫式；(f) 声流式

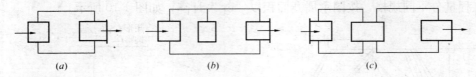

图 4-12　抗性消声器示意图
(a) 单节式；(b) 双节式；(c) 外接式

（三）空调部件及设备支架制作与安装工程量计算

1. 钢板密闭门制作与安装

分带视孔和不带视孔，其工程量分别按不同规格以"个"计算，套第九册（篇）相应定额子目。材料用量查阅国标 T704。保温钢板密闭门执行钢板密闭门项目，但材料乘以系数 0.5，机械乘以系数 0.45，人工不变。

2. 钢板挡水板制作与安装

挡水板是组成喷水室的部件之一，通常由多个直立的折板(呈锯齿形)组成。亦有采用玻璃条组成的。其工程量可按空调器断面面积，以"m²"计算，如图 4-13 所示。计算式为：

$$挡水板面积 = 空调器断面积 \times 挡水板张数 \quad (4-7)$$

或

$$= A \times B \times 张数$$

按曲折数和片距分档，套相应定额子目。材料用量查阅国标 T704。

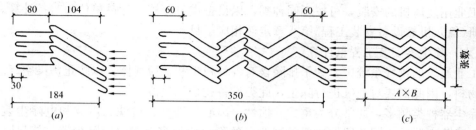

图 4-13 挡水板构造（mm）
(a) 前挡水板；(b) 后挡水板；(c) 工程量计算图

玻璃挡水板，可套用钢挡水板相应子目，但材料、机械均乘以系数 0.45。

3. 滤水器、溢水盘制作与安装

可根据施工图示尺寸，查阅国标 T704，以扩大计量单位"100kg"计算。

4. 金属空调器壳、电加热器外壳制作与安装

可按施工图示尺寸，以扩大计量单位"100kg"计算。

5. 设备支架制作与安装

可根据施工图示尺寸，查阅标准图集 T616 等，以扩大计量单位"100kg"计算，按不同重量档次套相应定额子目。

清洗槽、浸油槽、凉干架、LWP 滤尘器等的支架制作与安装执行设备支架项目。

(四) 通风机安装工程量计算

通风机是通风系统的主要设备，在通风工程中采用的风机，一般按其作用和构造原理可分为离心式通风机和轴流式通风机两种。不论风机材质、旋转方向、出风口位置，其安装工程量可按设计不同型号以"台"计算。屋顶风机要单列项，分别套相应定额子目。

(五) 通风机的减振台(器)安装工程量计算

在运行之中的风机，因离心力的作用，会引起通风机的振动，为减少由于振动对设备和建筑结构的影响，通常在通风机底座支架与楼板或基础之间安装减振器，用以减弱振动。通常使用的减振器形式如图 4-14、图 4-15 所示。

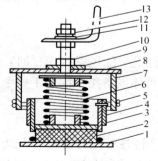

图 4-14 弹簧减振器
1—底座；2—橡胶；3—支座；4—橡胶；5—螺钉；
6—弹簧；7—外罩；8—定位套；9—螺钉；
10—螺母；11—垫圈；12—弹簧；13—支架

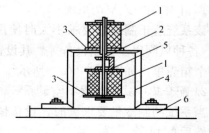

图 4-15 橡胶减振器
1—橡胶；2—螺杆；3—垫板；4—支架；
5—基础支架；6—混凝土支墩

减振台（器）制作与安装工程量未包括在风机安装中，可根据设计要求和《全国统一安装工程预算定额》计算规则的精神并参照地方定额规定，按重量或按"个"计算，套用第九册（篇）"设备支架"相应子目。

工业用通风机的安装，可按不同种类，以设备重量分档，计量单位为"台"计算。套用第一册（篇）《机械设备安装工程》第八章定额相应子目。

（六）除尘器安装工程量计算

工业通风的排气系统中，为了排除含有各种粉尘和颗粒气体，以防止污染空气或回收部分物料，因此需要对空气进行除尘，此类设备就是除尘器。

除尘器种类颇多，通常分为重力、惯性、离心、洗涤、过滤、声波和电除尘装置等，根据上述除尘器的不同装置构造原理制造出的除尘器很多，如水膜除尘器、旋风除尘器、布袋除尘器等。

除尘器安装工程量按不同重量，以"台"计算。但不包括除尘器制作，其制作另行计算；

除尘器安装工程量亦不包括支架制作与安装，支架可按扩大计量单位"100kg"计算；

除尘器规格、形式以及支架重量的计算可查阅国标 T501、T505、84T513、CT531、CT533、CT534、CT536、CT537、CT538、CT539、CT540 等图集。

第二节 空调安装工程量计算

一、空调系统组成

空调系统必须满足的技术参数有温度、湿度、洁净度、气体流动速度这"四度"的要求。就工艺要求而言，空调系统组成可作以下划分，即局部式供风空调系统、集中式空调系统和诱导式空调系统。

（一）局部式供风空调系统

该类系统只要求局部实现空气调节，可直接用空调机组如柜式、壁挂式、窗式等即可达到预期效果。还可按要求，在空调机上加新风口、电加热器、送风管及送风口等，如图 4-16（b）所示。

（二）集中式空调系统

1. 单体集中式空调系统

该系统适于制冷量要求不大时使用，可在空调机组中配风管（送、回）、风口（送、回）、各种风阀以及控制设备等。其设置形式是把各单体设备集中固定于一个底盘上，装在一个箱壳里，如图 4-16（a）所示。

2. 配套集中式制冷设备空调系统

当系统的制冷量要求大时，设备体积较大，故可将各单位设备集中安装在某个机房中，然后配风管（送、回）、风机、风口（送、回）、各种风阀以及控制设备等，如图4-17所示。

3. 冷水机组风机盘管系统

是将个体的冷水机设备，集中安装于机房内，再配上冷水管（送、回）；冷凝器使用

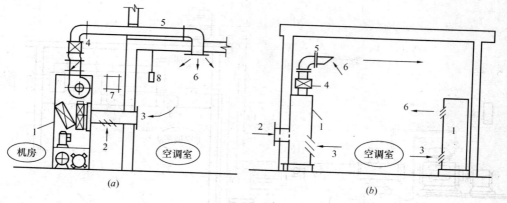

图 4-16　单体集中式及局部式供风空调系统
(a) 单体集中式空调；(b) 局部空调（柜式）
1—空调机组（柜式）；2—新风口；3—回风口；4—电加热器；5—送风管；
6—送风口；7—电控箱；8—电结点温度计

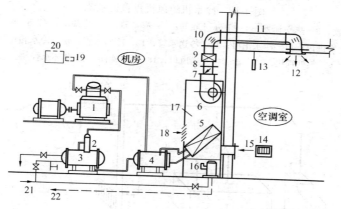

图 4-17　恒温恒湿集中式空调系统示意
1—压缩机；2—油水分离器；3—冷凝器；4—热交换器；5—蒸发器；
6—风机；7—送风调节阀；8—帆布接头；9—电加热器；10—导流片；
11—送风管；12—送风口；13—电结点温度计；14—排风口；15—回
风口；16—电加湿器；17—空气处理室；18—新风口；19—电子仪控
制器；20—电控箱；21—给水管；22—回水管

的冷却塔以及水池、循环水管道等；冷水管再连通风机盘管，加上空气处理机就形成一个系统，如图 4-18 所示。

（三）诱导式空调系统

实质上是一种混合式空调系统。是由集中式空调系统加诱导器组成。该系统是对空气进行集中处理，并利用诱导器实行局部处理后混合供风方式。诱导器用集中空调室来的一次风作诱导力，就地吸收室内回风（二次风）并经过处理同一次风混合后送出的供风系统。如图 4-19 所示，经过集中处理的空气由风机送至空调房间的诱导器，经喷嘴以高速射出，在诱导器内形成负压，室内空气（二次风）被吸入诱导器，一、二次风相混合后由诱导器风口送出。

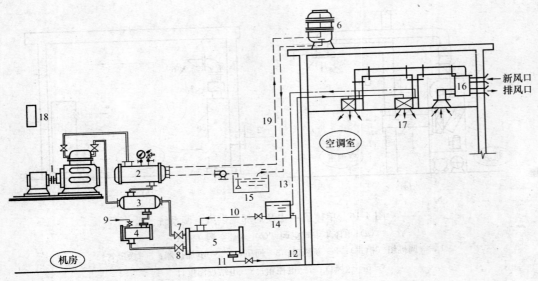

图 4-18 冷水机组风机盘管机系统

1—压缩机；2—冷凝器；3—热交换器；4—干燥过滤器；5—蒸发器；6—冷却塔；7、8—电磁阀及热力膨胀阀；9—R22入口；10—冷水进口；11—冷水出口；12—冷送水管；13—冷回水管；14—冷水箱；15—冷水池；16—空气处理机；17—盘管机及送风口；18—电控箱；19—循环水管

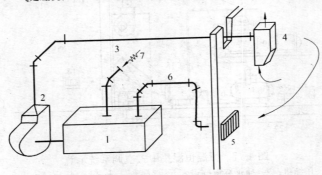

图 4-19 诱导式空调系统示意图

1—空气处理室；2—送风机；3—送风管；4—诱导器；5—回风口；6—回风管；7—新风口

二、空调系统安装工程量计算

1. 空气加热器（冷却器）安装

空调系统中，空气加热器一般由金属管制成，主要有光管式和肋管式两大类。其构造形式如图 4-20、图 4-21 所示。安装工程量不分形式，一律按"台"计算。

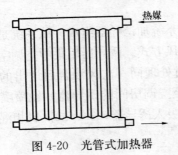

图 4-20 光管式加热器　　图 4-21 肋管式加热器

2. 空调机安装

空调机又称空调器，通常把本身不带制冷的空调机（器），称为非独立式空调机（空调器、空调机组）。如装配式空调机、风机盘管空调器、诱导式空调器、新风机组以及净化空调机组等。如果本身带有制冷压缩机的空调设备称为独立式空调机。如立柜式空调机、窗台式空调机、恒温恒湿空调机等。

（1）风机盘管空调器：由通风机、盘管、电动机、空气过滤器、凝水盘、送回风口等组成，构造如图 4-22 所示。安装工程量不分功率、风量、冷量和立、卧式，一律按"台"计算。并根据落地式和吊顶式分别套定额。

风机盘管的配管安装工程量执行第八册（篇）《给排水、采暖、燃气工程》相应子目。

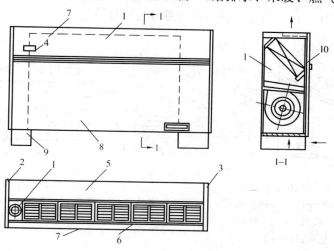

图 4-22 明装立式风机盘管
1—机组；2—外壳左侧板；3—外壳右侧板；4—琴键开关；5—外壳顶板；
6—出风口；7—上面板；8—下面板；9—底脚；10—保温层

（2）装配式空调器：亦称组合式空调器，由进风段、混合段、加热段、过滤段、冷却段、回风段等分段组成。是以工艺和设计要求进行选配组装，如图 4-23 所示。其安装

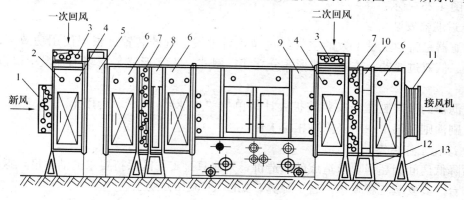

图 4-23 JW 型装配式空调器示意图
1—新风阀；2—混合室法兰；3—回风阀；4—混合室；5—过滤器；6—中间室；7—混合阀；
8—一次加热；9—淋水室；10—二次加热器；11—风机接管；12—加热器支架；13—三角支架

工程量以产品样品中的重量,并按扩大计量单位"100kg"计算。套第九册(篇)相应定额子目。

(3) 整体式空调器(冷风机、冷暖风机、恒温恒湿机组等):不分立式、卧式、吊顶式,其工程量一律按"台"计算。并以重量分档,套第九册(篇)定额相应子目,如图4-24所示。

(4) 窗式空调器:窗式空调器主要构造分三大部分,制冷循环部分有压缩机、毛细管、冷凝器以及蒸发器等,热泵空调器并带电磁换向阀;通风部分有空气过滤器、离心式通风机、轴流风扇、电动机、新风装置以及气流导向外壳等;电气部分有开关、继电器、温度控制开关等元器件,电热型空调器并带电加热器等。安装工程量按"台"计算。支架制安、除锈刷油、密封料及其木框和防雨装置等另行计算。

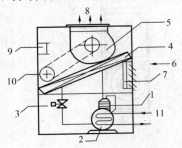 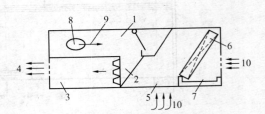

图 4-24　整体式空调器示意图
1—压缩机;2—冷凝器;3—膨胀阀;
4—蒸发器;5—风机;6—回风口;
7—过滤器;8—送风口;9—控制盘;
10—电动机;11—冷水管

图 4-25　静压箱及诱导器示意图
1—静压箱;2—喷嘴;3—混合段;4—送风;5—旁通风门;6—盘管;7—凝结水盘;8—一次风连接管;9—一次风;10—二次风

3. 静压箱安装

静压箱同空气诱导器联合使用,当一次风进入静压箱时,可保持一定静压,使得一次风由喷嘴高速喷出,诱导室内空气吸入诱导器中形成二次风,可达到局部空调的目的。静压箱安装工程量以扩大计量单位"10m²"计算;诱导器安装执行风机盘管安装子目。其构造如图4-25所示。

4. 过滤器安装

过滤器是将含尘量不大的空气经过净化后进入空气的装置。根据使用功效不同,分高、中、低效过滤器。按照安装形式分立式、斜式、人字形式,安装工程量一律按"台"计算。

过滤器的框架制作与安装扩大计量单位"100kg"计算。套用第九册(篇)子目。除锈、刷油则套第十一册(篇)相应子目。

5. 净化工作台安装

为降低房间因超静要求造成的高造价,采取只是工作区保持要求的洁净度,这就是净化工作台。其安装工程量按"台"计算,如图4-26(a)所示。

6. 洁净室安装

洁净室亦称风淋室,按重量分档,以"台"计算。套用第九册(篇)相应子目,如图4-26(b)所示。

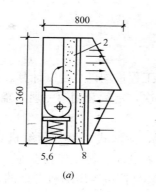
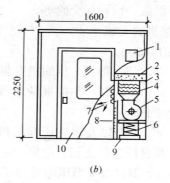

图 4-26 净化工作台与风淋室
(a) 净化工作台；(b) 风淋室
1—电控箱；2—高效过滤器；3—钢框架；4—电加热器；5—风机；
6—减振器；7—喷嘴；8—中效过滤器；9—底座；10—风淋室门

7. 玻璃钢冷却塔安装

玻璃钢冷却塔通常出现在使用冷水机组风机盘管系统的顶部，安装工程量以冷却水量分档次，按"台"计算。套用第一册(篇)《机械设备安装工程》定额中冷却塔安装子目。

第三节 空调制冷设备安装工程量计算

一、空调制冷设备

在空调系统中空气需要进行冷却处理，而冷源通常有两种：一种是天然冷源，如深井水、洞中冷空气、冬天储存的冰块等；而另一种则是人工冷源。通常采用冷剂制冷，使用冷剂制冷的方法有冷剂压缩制冷、冷剂喷射制冷、冷剂吸收制冷，工程中常用的是压缩冷剂制冷。制冷设备一般由工厂成套生产，如压缩机、分离器、蒸发器等，总之产品包括制冷剂压缩机以及附属设备两大类。成套设备的安装方式通常有如下三种：

1. 单体安装式

将制冷设备配套安装在一个机房中，配上动力管线和控制装置，形成制冷系统，一般称为集中式空调。适用于大型空气调节系统。但其制冷机组的压缩机、冷凝器、蒸发器等皆为散件。

2. 整体安装式

将制冷设备安装在一个底盘上，装进箱体中，实行整体安装。如恒温恒湿空调机、柜式、窗式空调机等，如图 4-24 所示。

3. 分离组装式

制造时，制冷成套设备被分成几组，根据设计要求，装在几个底座上，形成若干个分机体箱。如空气处理室、分体式柜机、分段组装式空调器等，如图 4-23 所示。

二、制冷设备安装工程量计算及套定额

设备安装要遵循的全过程基本如下所述，只是某环节有所不同，同时仍需遵循各自的安装规定。就制冷设备安装而言，要遵循的安装过程有：

准备工作—设备搬运—开箱清点—验收—基础—划线、定位—清洗组装—起吊安装—

找平、找正—固定灌浆—试转、交验等。

（一）制冷压缩机的安装

1. 活塞式压缩机

活塞式V、W以及S（扇型）压缩机安装工程量均以"台"计算。不论采用何种制冷剂（NH_3、R11、R12、R22）都按重量分档次，定额套用第一册（篇）《机械设备安装工程》第十章相应子目。

定额规定V、W、S型以及扇型压缩机组、活塞式Z型等压缩机是按整体安装考虑的，因此，机组的重量应包括主机、电机、仪表盘以及附件和底座等。

活塞式V、W、S型以及扇型压缩机的安装是按单级压缩机考虑的，安装同类型双级压缩机时，可按相应定额的人工乘以系数1.40。

2. 螺杆式制冷压缩机安装

螺杆式制冷压缩机安装工程量均以"台"计算。无论开启式、半开启式、封闭式等一律按重量分档次，定额套用第一册（篇）《机械设备安装工程》第十章相应子目。螺杆式制冷压缩机定额是按解体式安装制定的，因此，与主机本体联体的冷却系统、润滑系统、支架、防护罩等零件、附件的整体安装、安装后的无负荷试运转以及运转后的检查、组装、调整等均包括在定额中。但不包括电动机等的动力机械设备重量。电动机安装工程量可按重量分档，以"台"计算，套用定额第一册（篇）《机械设备安装工程》第十三章相应子目。

活塞式V、W、S型压缩机和螺杆式压缩机的安装，除定额第一册（篇）《机械设备安装工程》总说明的规定外，定额不包括如下内容：

（1）与主机本体联体的各级出入口第一个阀门外的各种管道、空气干燥设备及净化设备、油水分离设备、废油回收设备、自控系统及仪表系统的安装，以及支架、沟槽、防护罩等制作、加工。

（2）介质（制冷剂）的充灌。

（3）主机本体循环用油。

（4）电动机拆装、检查以及配线、接线等电气工程。

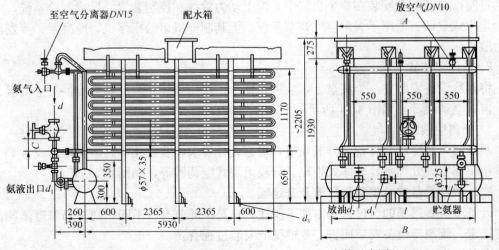

图4-27 淋水式冷凝器（SN-30～SN-90）安装示意图

(二) 附属设备的安装

1. 冷凝器安装

冷凝器属于压力容器,按其冷却面积和不同形式,可分为立(卧)式壳管式冷凝器、淋浇式冷凝器、蒸发式冷凝器几种类型。前者多用于大中型制冷系统。冷凝器安装工程量可按不同形式和冷却面积分档,以"台"计算。套用第一册(篇)《机械设备安装工程》定额第十四章相应子目。如图4-27所示为SN型淋水式冷凝器安装示意图。表4-4为SN-30～SN-90型淋水式冷凝器规格尺寸表。

淋水式冷凝器 (SN-30～SN-90)　　　　　　　表4-4

产品型号	组数	冷凝面积 (m^2)	氨管接口 (mm)			储氨器		主要尺寸 (mm)			重量 (kg)
			d	d_1	d_2	l (mm)	容积 (m^3)	A	B	C	
SN-30	2	30	50	20	15	1000	0.070	750	1225	160	1280
SN-45	3	45	70	25	15	1250	0.110	1300	1775	160	1912
SN-60	4	60	80	32	20	1800	0.153	1850	2825	160	2545
SN-75	5	75	80	32	20	2350	0.194	2400	2875	160	3160
SN-90	6	90	100	32	20	2950	0.235	2950	3425	178	3825

2. 蒸发器安装

根据冷库功能不同和被冷加工的产品要求,蒸发器或蒸发系统末端装置被设计成多种形式,有氨用、氟用吊顶式冷风机、落地式冷风机;有氨用、氟用的顶排管;有立管式盐水蒸发器、螺旋管式盐水蒸发器、卧式壳管式盐水蒸发器等。蒸发器安装工程量可按蒸发面积分档次,以"台"计算。套用第一册(篇)《机械设备安装工程》定额第十四章相应子目。如图4-28所示为LZZ型立管式盐水蒸发器安装示意图。表4-5为LZZ-20～LZZ-90立管式盐水蒸发器规格尺寸表。

3. 储液、排液器、油水分离器安装

储液、排液器可按设备容积分档次,以"台"计算。油水分离器、空气分离器是以设备直径分档次,按"台"计算。套用第一册(篇)《机械设备安装工程》定额第十四章相应子目。

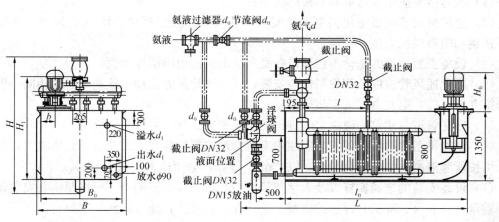

图4-28　LZZ型立管式盐水蒸发器安装示意图

立管式盐水蒸发器（LZZ-20～LZZ-90） 表 4-5

	蒸发面积 (m^2)	蒸发排管数	氨管接口 (mm)		水管接口 (mm)	水箱内净尺寸 (mm)		外形尺寸 (mm)				主要尺寸 (mm)			重量 (kg)
			d_0	d	d_1	l_0	B_0	L	B	H	H_1	l	b	H_0	
LZZ-20	20	2×10	15	65	90	3510	805	4345	931	2277	1857	1310	263	675	1970
LZZ-30	30	3×10	20	65	90	3510	845	4345	971	2277	1857	1310	263	675	2375
LZZ-40	40	4×10	20	80	90	3510	1065	4345	1191	2317	1857	1310	263	710	2850
LZZ-60	60	4×15	25	100	90	4810	1065	5645	1191	2369	1876	2130	263	710	3340
LZZ-75	75	5×15	25	100	110	4810	1330	5657	1480	2369	1876	2130	395	750	3955
LZZ-90	90	6×15	32	125	110	4810	1595	5657	1745	2479	1889	2130	395	750	4540

附属设备安装定额规定：

（1）随设备带有与设备联体固定的配件（放油阀、放水阀、安全阀、压力表、水位表等）的安装；容器单体气密试验（包括装拆空气压缩机本体以及连接试验用的管道、装拆盲板、通气、检查、放气等）与排污。

（2）空气分离塔本体以及本体第一个法兰内的管道、阀门安装；与本体联体的仪表、转换开关安装；清洗、调整、气密试验。

（3）制冷设备各种容器的单体气密性试验与排污，定额按一次性考虑的，如果"技术规范"或"设计要求"需要做多次连续试验时，则第二次试验可按第一次相应定额乘以调整系数 0.9；第三次以及以上的试验，每次均按第一次的相应定额乘以系数 0.75 计算。

第四节 通风、空调、制冷设备安装工程量计算需注意事项

一、定额中有关内容的规定

（1）软管接头使用人造革而不使用帆布者可换算。

（2）通风机安装项目中包括电动机安装，其安装形式包括 A、B、C、D 型，亦适用于不锈钢和塑料风机安装。

（3）设备安装项目的基价不包括设备费和应配套的地脚螺栓价值。

（4）净化通风管道以及部件制作与安装，其工程计量方法和一般通风管道相同，但需要套第九册（篇）第九章相应定额子目。

（5）净化管道与建筑物缝隙之间进行的净化密封处理，可按实际计算。

（6）制冷设备和附属设备安装定额中未包括地脚螺栓孔灌浆以及设备底座灌浆，发生时，可按所灌混凝土体积量分档次，以"m^3"计算，套用地方定额。

（7）设备安装的金属桅杆以及人字架等一般起重机具的摊销费，可按照需要安装设备的净重量（含底座、辅机）计算摊销费。其计算方法可按各地方定额规定执行。

（8）设备安装从设备底座的安装标高算起，如果超过地坪±10m 时，则定额的人工和机械台班按表 4-6 系数调整。

设备安装超高增加系数　　　　　　　　　　　　　表 4-6

设备底座正负标高（m）	15	20	25	30	40	>40
调整系数	1.25	1.35	1.45	1.55	1.70	1.90

二、通风、空调、制冷工程同安装工程定额其他册（篇）的关系

（1）通风、空调工程的电气控制箱、电机检查接线、配管配线等可按第二册（篇）《电气设备安装工程》定额的规定执行。

（2）通风、空调机房的给水和通冷冻水的水管、冷却塔循环水管，执行第六册（篇）《工业管道工程》定额。

（3）使用的仪表、温度计的安装工程量可执行第十册（篇）《自动化控制装置及仪表安装工程》定额。

（4）制冷机组以及附属设备的安装执行第一册（篇）《机械设备安装工程》定额。

（5）通风管道等的除锈、刷油、保温防腐执行第十一册（篇）《刷油、防腐蚀、绝热工程》定额。

（6）设备基础砌筑、混凝土浇筑、风道砌筑和风道的防腐等执行《建筑工程预算定额》。

三、通风、空调、制冷工程有关几项费用的说明

（1）通风、空调工程定额中各章所列出的制作和安装均是综合定额，若需要划分出来，可按册（篇）说明规定比例划分。

（2）高层建筑增加费指高度在 6 层或 20m 以上的工业与民用建筑，属于子目系数，计算规定见第九册（篇）说明。

（3）操作操高增加费亦属子目系数，指操作物高度距楼地面 6m 以上的工程，按定额规定的人工费的百分比计算。

（4）脚手架搭拆费，属于综合系数，可按单位工程全部人工费的百分比计算，其中人工工资所占（%）部分作为计费基础。

（5）通风系统调整费属于综合系数，按系统工程人工费的百分比计算，其中人工工资所占（%）部分作为计费基础。该调试费指送风系统、排风(烟)系统，包括设备在内的系统负荷试车费以及系统调试人工、仪器使用、仪表折旧、调试材料消耗等费用。但不包括空调工程的恒温、恒湿调试以及冷热水系统、电气系统等相关工程的调试，发生时另计。

（6）薄钢板风管刷油，仅外（或内）面刷油者，基价乘以系数 1.2；内外皆刷油者乘以系数 1.1。刷油包括风管、法兰、加固框、吊拖支架的刷油工程。

（7）通风、空调、制冷脚手架与风管刷油、保温定额脚手架费用，不分别计取，可按"以主代次"的原则，即按通风工程定额中规定的脚手架系数计取。

第五节　通风、空调安装工程施工图预算编制案例

一、工程概况

（1）工程地址：本工程位于重庆市某厂房；

（2）工程说明：本工程建筑结构为四层框架结构，开间 6m，层高 4.9m。通风工程在厂房底层⑧～⑫轴线之间，工艺要求此处需要一定温度、湿度和洁净度的空气。该通风空

调系统由新风口吸入新鲜空气，经新风管进入金属叠式空气调节器内，空气经处理后，由 δ 为 1mm 的镀锌钢板制成的分支五路风管，各支管端装有方形直流片式散流器，向房间均匀送风。风管用铝箔玻璃棉毡保温，其厚度 δ 为 100mm。风管用吊架吊在房间顶板上，安装在房间顶棚内。

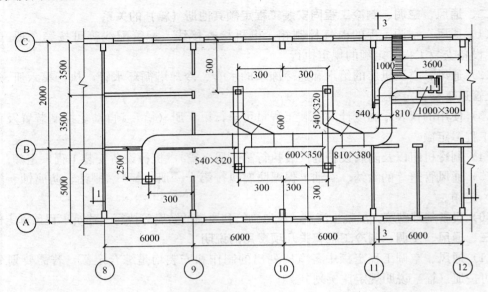

图 4-29 通风平面图（mm）

叠式金属空气调节器分 6 个段室：风机段、喷雾段、过滤段、加热段、空气冷处理段、中间段等，其外形尺寸为 3342mm×1620mm×2109mm，共 1200kg，供风量为 8000～12000m³/h。空气冷处理可由 FJZ-30 型制冷机组、冷风箱（3000mm×1500mm×1500mm）、两台泵 3BL-9（$Q=45m^3/h$，$H=32.6m$）与 DN100 及 DN70 的冷水管、回水管相连，供给冷冻水。空气的热处理可由 DN32 和 DN25 的管与蒸汽动力管以及凝结水管相连，供给热源。

二、编制依据

施工单位为某国营建筑公司，工程类别为二类。采用 2000 年《全国统一安装工程预算定额》，以及重庆市现行间接费用定额和某市现行材料预算价格或部分双方认定的市场采购价格。

合同中规定不计远地施工增加费和施工队伍迁移费。

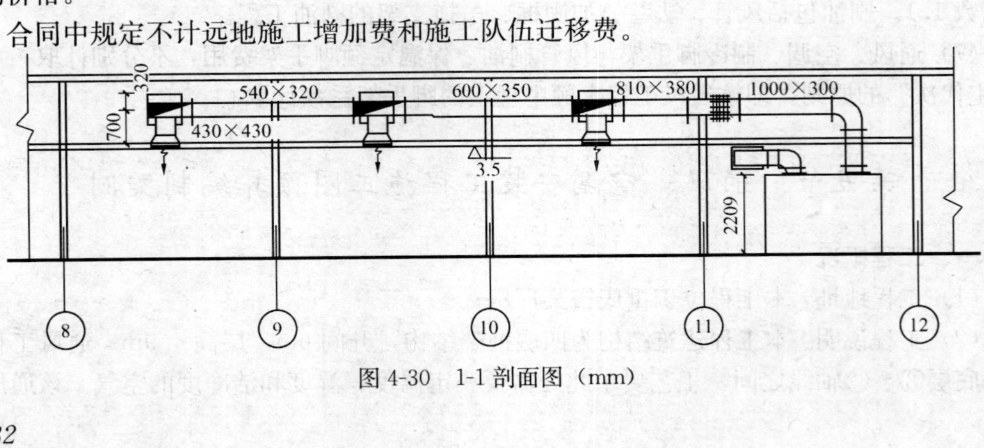

图 4-30 1-1 剖面图（mm）

三、编制方法

(1) 在熟读图纸、施工组织设计以及有关技术、经济文件的基础上，计算工程量。工程图如图 4-29～图 4-32 所示。工程量计算表见表 4-7。本例仅计算镀锌钢板通风管的制安、保温、叠式金属空气调节器的安装，通风管道的附件和阀等制安。而制冷机组的安装和供冷、供热管网的安装、配电以及控制系统的安装，本例不述。

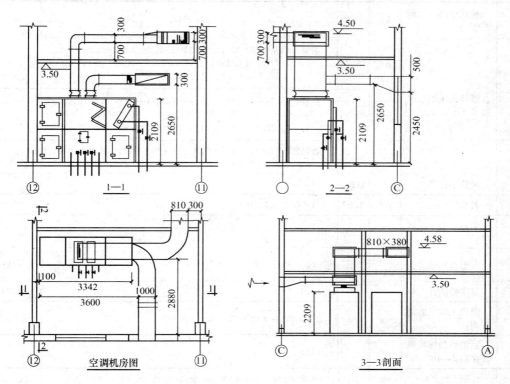

图 4-31 平面及剖面（mm）

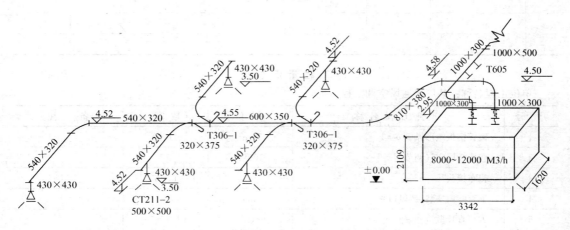

图 4-32 通风、空调系数图（mm）

(2) 汇总工程量，见表 4-8。
(3) 套用 2000 年《全国统一安装工程预算定额》，进行工料分析，见表 4-9。

(4) 写编制说明。
(5) 自校、填写封面、装订施工图预算书。

工程量计算表 表 4-7

单位工程名称：某厂房通风空调工程　　　　　　　　　共 页 第 页

序号	分项工程名称	单位	数量	计 算 式	备 注
1	叠式金属空气调节器	kg	1200	6×1200	
2	镀锌钢板矩形风管 $\delta=1$	m²	55.75	主管：(1+0.3)×2×(3.5−2.209+0.7+0.3/2−0.2+4+1)+(0.81+0.38)×2×(3.5+3)+(0.6+0.35)×2×6+(0.54+0.32)×2×(3+3+0.54/2)	
		m²	40.20	支管：(0.54+0.32)×2×(4+0.5+4+0.5+0.43/2×2+3+0.5+3+0.5+0.43/2+2.5+0.43/2)+(0.43+0.43)×2×(5×0.7)+0.54×0.32×5	
		m²	16.05	新风管：(1+0.5)×2×0.8+(1+0.3)×2×(2.88−0.8+1/2+3.342/2+1/2+2.65−2.1+0.3/2−0.2)	
	风管小计	m²	112.0		
3	帆布接头	m²	1.56	(1+0.3)×2×0.2×3	
4	钢百叶窗（新风口）	m²	0.5	1×0.5	
5	方形直片散流器	kg(个)	61.15(5)	500×500：5个×12.23kg/个	CT211-2
6	温度检测孔	个	2	1×2	T604
7	矩形风管三通调节阀	kg	13	320×375：4个×3.25kg/个	T306-1
8	铝箔玻璃棉毡风管保温 $\delta=100$	m³	11.20	112×0.1	
9	角钢 L25×4	kg	437.7	76个×[(0.6+0.4)×2m/个]×1.459kg/m	法兰

工程量汇总表 表 4-8

单位工程名称：某厂房通风空调工程

序号	分项工程名称	单位	数量	备注
1	镀锌钢板矩形风管 $\delta=1$	10m²	11.20	
2	叠式金属空气调节器	100kg	12	
3	帆布接头	m²	1.56	
4	钢百叶窗安装（新风口）	m²	0.5	
5	方形直片散流器安装	kg(个)	61.15(5)	
6	温度检测孔制安	个	2	
7	矩形风管三通调节阀安装	kg	13	
8	风管铝箔玻璃丝棉保温 $\delta=100$	m³	11.20	

工 程 计 价 表 表4-9

单位工程名称：某厂房通风空调工程

定额编号	分项工程项目	单位	工程数量	单位价值 人工费	单位价值 材料费	单位价值 机械费	合计价值 人工费	合计价值 材料费	合计价值 机械费	未计价材料 损耗	未计价材料 数量	未计价材料 单价	合价
9-6	镀锌钢板矩形风管δ=1	10m²	11.20	154.18	213.52	19.35	1726.82	2391.42	216.72				
	镀锌钢板	m²								11.38	127.46	34.00	4333
9-247	叠式金属空气调节器	100kg	12	45.05			540.60						
9-41	帆布接头	m²	1.56	47.83	121.74	1.88	74.62	189.91	2.94				
9-129	钢百叶窗安装 J718-1	m²	0.5	67.57	191.73	20.58	33.79	95.87	10.29				
9-148	方形直片散流器安装	个	5	8.36	2.58		41.80	12.90					
9-43	温度检测孔制安	个	2	14.16	9.20	3.22	28.32	18.40					
9-61	矩形风管三通调节阀安装	100kg	0.13	1022.14	352.51	336.90	132.88	45.83	43.80				
	风管铝箔玻璃丝棉保温δ=100	m³	11.20	20.67	25.54	6.75	231.50	286.04	75.60				
11-2009	玻璃棉毡δ=25	kg								1.03	11.54	1600	18458
	铝箔粘胶带	卷								2.00	22.4	22.00	493
	胶粘剂	kg								10.00	112.0	20.00	2240
	合 计						2810.33	3040.37	349.35				25524

思 考 题

1. 圆形风管和方形风管工程量计算公式是如何规定的？
2. 渐缩管工程量如何计算？
3. 软管（帆布接头）工程量如何计算？
4. 风管检查孔制安工程量如何计算？
5. 温度与风量测定孔制安工程量如何计算？
6. 风管部件通常指哪些？其制安工程量如何计算？
7. 通风机的减振台（器）安装工程量如何计算？
8. 装配式空调器安装工程量如何计算？

9. 风机盘管空调器安装、净化工作台安装工程量如何计算？
10. 静压箱安装工程量如何计算？
11. 过滤器安装工程量如何计算？
12. 诱导器安装工程量如何计算？
13. 制冷设备通常有哪些？其安装工程量如何计算？
14. 通风机通常有哪几种？其安装工程量如何计算？
15. 通风空调系统调试费包括哪些内容？其系统调试费如何计算？
16. 通风空调系统调试与通风空调系统"联动试车"是否相同？联动试车"费如何计算？
17. 通风、空调、制冷脚手架与风管刷油、保温定额脚手架费用是否分别计取？怎样计取？
18. 制冷设备和附属设备安装定额中包括地脚螺栓孔灌浆以及设备底座灌浆否？若发生时，如何计算？

第五章 刷油、防腐蚀、绝热安装工程施工图预算

第一节 概 述

为防止大气、水和土壤等对金属的锈蚀，对设备、管道以及附属钢结构外部涂层，此是进行防腐蚀所采用的必要措施。

一、除锈工程

除锈即表面处理，其好坏关系到防腐效果，倘若未处理表面的铁锈和杂质的污染，如油脂、水垢、灰尘等均会影响防腐层同基体表面的粘结和附着。所以，对设备或管道等施工时，要根据规范的要求进行表面处理。

1. 除锈等级

对于钢材表面锈蚀程度的划分，目前国际上采用瑞典标准 SIS055900，即将锈蚀程度分成 A、B、C、D 四级，见表 5-1。一般来说，对 C 级和 D 级钢材表面需要做较为彻底的表面处理。

钢材表面原始锈蚀等级 表 5-1

锈蚀等级	锈 蚀 状 况
A级	覆盖着完整的氧化皮或只有极少量锈的钢材表面
B级	部分氧化皮已松动、翘起或脱落，已有一定锈的钢材表面
C级	氧化皮大部分翘起或脱落，大量生锈，但用目测还看不到锈蚀的钢材表面
D级	氧化皮几乎全部翘起或脱落，大量生锈，目测时能见到孔蚀的钢材表面

2. 除锈方法

金属表面处理通常采用人工除锈、机械除锈和化学除锈等方法。其中人工除锈方法适于较小的物品表面或无条件采用机械方法除锈时使用。其具体操作时用砂皮、钢丝刷子或砂轮将物体表面氧化层去除，然后用有机溶剂如汽油、丙酮、苯等将表面浮锈和油污洗涤，方可进行涂覆。机械除锈多适于大型金属表面处理。细分有干喷砂法、湿喷砂法、密闭喷砂法、抛丸法、滚磨以及高压水流除锈等方法。化学除锈亦称为酸洗法。其方法主要是将金属制品在酸液中进行侵蚀加工，除掉金属表面氧化物和油垢等。适于对表面处理要求不高、形状复杂的零部件或在无喷砂设备的情况下使用。

二、刷油工程

刷油亦称为涂覆，是安装工程施工中常见的重要内容，将普通油脂漆料涂刷在金属表面、使之与外界隔绝，以防止气体、水分的氧化侵蚀，并增加光泽美观。刷油可分为底漆和面漆两种。刷漆的种类、方法和遍数可根据设计图纸或有关规范要求确定。设备、管道以及附属钢结构经过除锈以后，就可在其表面进行刷油（涂覆）。

1. 涂覆方法

涂覆方法主要有涂刷法、喷涂法、浸涂法和电泳涂法等。喷涂法是用喷枪将涂料喷成雾状液,使被涂物表面分散沉积的一种方法。亦可细分为高压无空气喷涂法和静电喷涂法,前者适于大面积施工和喷涂高黏度的涂料。浸涂法适于小型零件和内外表面涂覆。电泳法则是一种新型的涂漆方法,适于水性涂料。

2. 常用涂料涂覆方法

常用涂料涂覆方法主要采用生漆、漆酚树脂漆、酚醛树脂漆、沥青漆、无机富锌漆、聚乙烯涂料等。

三、衬里工程

衬里是一种综合利用不同材料的特性,使物品保持较长使用寿命的防腐方法。可依据不同介质条件,采用不同材料,大多数是在钢铁或混凝土设备上衬高分子材料、非金属衬里,如果温度和压力较高的情况下,可采用耐腐蚀金属材料。衬里可细分为玻璃钢衬里、橡胶衬里、衬铅和搪铅衬里以及砖、板衬里等。

四、绝热工程

绝热是保温、保冷的统称。保温就是减少管道和设备内部所通过的介质的热量向外部传导和扩散,用隔热(保温)材料加以保护,从而减少工艺过程中热损失。保冷就是减少外部热量向被保冷物体内传导。

(1) 绝热的种类:管道和设备的绝热,按用途可分为保温、加热保温和保冷三种。

(2) 绝热范围:设备、管道保温(保冷)绝热范围见表5-2。

设备管道绝热范围表　　　　　　　表5-2

种类	绝热条件	绝热范围	
		设备	管道
保温	1. 操作温度低于100℃	按工艺或防烫要求进行	按工艺或防烫要求进行
	2. 温度为100~250℃	所有的设备应保温,但需要散热的设备除外	全部管线应保温,但阀门、法兰和特殊部位除外
	3. 温度大于250℃	所有使用蒸汽的嘴子、法兰和人孔应保温	所有的部分包括阀门、法兰和任何其他部件均应保温
	4. 任何温度下机泵	按工艺或防烫要求进行保温	
	5. 特殊条件	换热器的法兰、容器的裙座和支腿不保温,但有时在易燃车间应涂耐火层。过滤器、疏水器不保温	要求散热的管线不保温

(3) 保温和保冷结构组成:

保温结构:防腐层→保温层→保护层→识别层

保冷结构:防腐层→保冷(温)层→防潮层→保护层→识别层

五、防腐蚀工程

防腐蚀是指在碳钢管道、设备、型钢支架和水泥砂浆表面要喷涂防锈漆,粘贴耐腐蚀材料和涂抹防腐蚀面层,以抵御腐蚀物质的侵蚀。防腐蚀工程是避免管道和设备腐蚀损失,减少使用昂贵的合金钢,杜绝生产中的泄漏和保证设备正常连续运转及安全生产的重要手段。

防腐,有内防腐和外防腐之分,安装工程中的管道、设备、管件、阀门等,除采取外防腐措施防止锈蚀外,有些工程还要按照使用的要求,采用内防腐措施,涂刷防腐材料或用防腐材料衬里,附着于内壁,与腐蚀物质隔开。因此,也可以说防腐蚀工程是根据需要对除锈、刷油、衬里、绝热等工程的综合处理。

第二节 刷油、防腐蚀、绝热工程量计算及定额套用

一、除锈工程量计算及定额套用

(1) 钢管除锈工程量:以管道外表面展开面积计算工程量,可按下式计算:

$$S=\pi DL \tag{5-1}$$

式中 L——管道长度;
D——管道内径或外径。

(2) 设备除锈:按设备外表面积计算,以"m^2"计算,执行第十一册第一章定额子目。

(3) 金属结构除锈:金属结构支架和支座可根据附件设计重量以"100kg"计算,包括连接件(螺栓、螺母等)的重量,执行第十一册第一章定额子目。

(4) 铸铁管道除锈:可按外表面展开面积计算,以"m^2"计算,执行第十一册第一章定额子目。其工程量按照下式计算:

$$S=\pi DL+承口增加面积=1.2\pi DL \tag{5-2}$$

式中 L——管道长度;
D——管道内径或外径;
1.2——承口增加面积系数。

(5) 散热器除锈:可按散热器散热面积计算,以"m^2"计算,执行第十一册第一章定额子目。其散热面积的分摊见表5-3。

铸铁散热器面积　　　　　　　表5-3

铸铁散热器	$S/(m^2 \cdot 片^{-1})$	铸铁散热器	$S/(m^2 \cdot 片^{-1})$
长翼型(大60)	1.2	四柱813	0.28
长翼型(小60)	0.9	四柱760	0.24
圆翼型D80	1.8	四柱640	0.20
圆翼型D50	1.5	M132	0.24
二柱	0.24		

二、刷油工程量计算及定额套用

(1) 不保温管道刷油,可按"m^2"计算,执行第十一册第二章定额子目。其工程量按下式计算:

$$S=\pi DL \tag{5-3}$$

式中 L——管道长度;
D——管道外径。

若铸铁管道表面刷油,其计算式为:

$$S=1.2\pi DL \tag{5-4}$$

式中 1.2——铸铁管承头面积增加系数。

管道标志色环等零星刷油，执行第十一册第二章相应定额，其人工乘以系数2.0。

定额是按安装地点就地刷（喷）油漆考虑的，如果安装前管道集中刷油，人工乘以系数0.7（散热器除外）。

(2) 保温管道表面刷油，可按其保温层外表面展开面积计算，以"m²"计算，执行第十一册第二章定额子目。管道保温层如图5-1所示。其工程量按下式计算：

$$S = L\pi(D + 2.1\delta + 0.0082) \tag{5-5}$$

式中　D——管道外径；

　　　δ——绝热层厚度；

　　　L——设备筒体或管道长；

　　0.0082——捆扎线直径或钢带厚度。

(3) 设备刷油工程量计算及定额套用。

1) 设备不保温表面刷油：

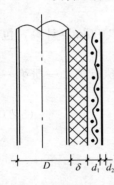

图5-1　管道保温层

① 设备表面刷油以"m²"计算，金属结构以"kg"计算。执行第十一册第二章定额子目。

② 各种设备的人孔、管口、凹凸部分的刷油已综合考虑在相应定额内，不得另行增加工程量。

a. 设备筒体表面积计算公式同不保温管道刷油。

b. 设备圆形底工程量计算式为：

$$S = \frac{\pi(D)^2}{2} \tag{5-6}$$

式中　S——设备圆形底刷油面积（m²）；

　　　D——设备圆形底直径（m）。

c. 设备封头工程量计算：设备封头如图5-2、图5-3所示。

$$S_\text{平} = L\pi D + 2\pi\frac{(D)^2}{2} \tag{5-7}$$

$$S_\text{圆} = L\pi D + 2\pi\frac{(D)^2}{2} \times 1.6 \tag{5-8}$$

式中　1.6——圆封头展开面积系数。

设备不保温刷油，可根据刷油种类和遍数，套用相应定额子目。

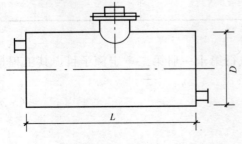

图5-2　平封头不保温表面

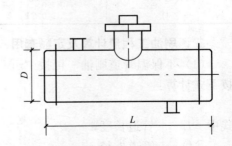

图5-3　圆封头不保温表面

2) 设备保温表面刷油以"m²"计算，按保温层外表面积计算，执行第十一册第二章定额子目。保温表面图式如图5-4、图5-5所示。

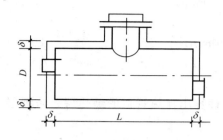

图 5-4 平封头保温表面

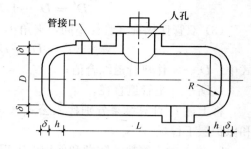

图 5-5 圆封头保温表面

①平封头设备刷油工程量计算式为：
$$S_{平} = (L+2\delta+2\delta\times 5\%)\pi(D+2\delta+2\delta\times 5\%) + 2\pi\frac{(D+2\delta+2\delta\times 5\%)^2}{2} \tag{5-9}$$

②圆封头设备刷油工程量计算式为：
$$S_{圆} = (L+2\delta+2\delta\times 5\%)\pi(D+2\delta+2\delta\times 5\%) + 2\pi\frac{(D+2\delta+2\delta\times 5\%)^2\times 1.6}{2} \tag{5-10}$$

三、绝热工程量计算及定额套用

1. 设备筒体或管道绝热工程量计算

该工程量计算以"m³"为计量单位，防潮层和保护层工程量以"m²"计算，分别执行第十一册第九章定额子目。

计算管道绝热工程时，管道长度不扣除阀门、法兰所占长度，如果阀门、法兰要绝热时，其工程量另计。

设备筒体或管道绝热、防潮层和保护层工程量计算式如下：

$$V = \pi\times(D+1.033\delta)\times 1.033\delta\times L \tag{5-11}$$
$$S = \pi\times(D+2.1\delta+0.0082)\times L \tag{5-12}$$

式中　　V——绝热层体积；

　　　　L——设备筒体或管道长度；

　　　　D——管道外径；

　　　　δ——绝热层厚度；

1.033、2.1——调整系数。

2. 伴热管道工程量计算

伴热管道绝热工程量计算式如下：

（1）单管伴热或双管伴热（管径相同，夹角小于90°时）：
$$D' = D_1 + D_2 + (10 \sim 20\text{mm}) \tag{5-13}$$

式中　　D'——伴热管道综合值；

　　　　D_1——主管道直径；

　　　　D_2——伴热管道直径；

（10～20mm）——主管道与伴热管道之间的间隙。

（2）双管伴热管（管径相同，夹角大于90°时）：

$$D' = D_1 + 1.5D_2 + (10 \sim 20\text{mm}) \quad (5\text{-}14)$$

(3) 双管伴热管（管径不同，夹角小于90°时）：

$$D' = D_1 + D_{伴} + (10 \sim 20\text{mm}) \quad (5\text{-}15)$$

式中 D'——伴热管道综合值；

D_1——主管道直径。

将上述 D' 计算结果分别代入公式（5-13）中，可计算出伴热管道的绝热层、防潮层和保护层工程量。

3. 设备封头绝热、防潮和保护层工程量计算

设备封头绝热、防潮和保护层工程量计算式如下：

$$V = [(D + 1.033\delta)/2]^2 \pi \times 1.033\delta \times 1.5 \times N \quad (5\text{-}16)$$

$$S = [(D + 2.1\delta)/2]^2 \pi \times 1.5 \times 1.5 \times N \quad (5\text{-}17)$$

式中 N——封头个数。

4. 阀门绝热、防潮和保护层工程量计算

阀门绝热、防潮和保护层工程量计算式如下：

$$V = \pi(D + 1.033\delta) \times 2.5D \times 1.033\delta \times 1.05 \times N \quad (5\text{-}18)$$

$$S = \pi(D + 2.1\delta) \times 2.5D \times 1.05 \times N \quad (5\text{-}19)$$

5. 法兰绝热、防潮和保护层工程量计算

法兰绝热、防潮和保护层工程量计算式如下：

$$V = \pi(D + 1.033\delta) \times 1.5D \times 1.033\delta \times 1.05 \times N \quad (5\text{-}20)$$

$$S = \pi(D + 2.1\delta) \times 1.5D \times 1.05 \times N \quad (5\text{-}21)$$

6. 弯头绝热、防潮和保护层工程量计算

弯头绝热、防潮和保护层工程量计算式如下：

$$V = \pi(D + 1.033\delta) \times 1.5D \times 2\pi \times 1.033\delta \times N/B \quad (5\text{-}22)$$

式中 B 值取定为90°时，弯头 $B=4$；取定为45°时，弯头 $B=8$。

四、防腐蚀工程量计算及定额套用

(1) 管道、设备防腐蚀工程量：管道、设备防腐蚀工程量以"平方米"计算，工程量计算方法与不保温管道、设备刷油工程量相同，执行第十一册第三章定额子目。

(2) 防腐蚀工程量计算公式同绝热、防潮和保护层计算式。

(3) 混凝土的箱、池、沟、槽防腐，按各地区《建筑工程预算定额》规定方法计算。

五、计算实例

【例5-1】 某工程管道外径为159mm无缝钢管，管长86m，外壁刷防锈漆二遍，然后用60mm厚珍珠岩瓦块保温，保温层外缠玻璃布一层，布面刷调合漆二遍，试分别计算其工程量。

【解】 根据定额除锈及刷油工程量：

(1) 管道除锈及刷油工程量：

$$F = \pi \times D \times L = 3.14 \times 0.159 \times 86 = 42.94 \text{ (m}^2)$$

(2) 布面刷调合漆工程量：

$$F = L \times \pi \times (D + 2\delta + 2\delta \times 5\% + 0.0072 + 0.005) = 79.18 \text{ (m}^2)$$

(3) 管道保温层工程量：

$$V = L \times \pi \times (D + 1.033\delta) \times 1.033\delta$$
$$= 86 \times 3.14 \times (0.159 + 1.033 \times 0.006) \times 1.033 \times 0.006$$
$$= 3.70 (\text{m}^2)$$

（4）保护层工程量：
$$F = L \times \pi \times (D + 2.1\delta + 2d_1 + 3d_2)$$
$$= 86 \times 3.14 \times (0.159 + 2.1 \times 0.06 + 0.0032 + 0.005)$$
$$= 79.18 (\text{m}^2)$$

【例 5-2】 某工程用大 60 铸铁散热器 100 片，试分别计算工程量（刷防锈漆、银粉漆各二遍）。

【解】 查表 5-3，大 60 铸铁散热器面积为 $1.2 \text{m}^2 /$ 片。

刷防锈漆、银粉漆工程量：
$$F = 1.2 \times 100 = 120 \ (\text{m}^2)$$

思 考 题

1. 除锈有几种方法？管道除锈、刷油工程量怎样计算？
2. 什么是保温、绝热？其工程量如何计算？
3. 当施工图上所要求的油漆涂料和保温材料及衬里材料与定额要求不同时，该怎样使用定额？
4. 试测算定额中每平方米油漆刷油消耗量是多少？该量是怎样来的？

第六章 设计概算的编制

第一节 设计概算的内容与作用

一、设计概算的含义

在初步设计阶段，确定工程从筹建到交付使用所发生的全部建设费用的经济文件，称之为设计概算。其编制依据为初步设计（或扩大初步设计）图纸、概算定额（或概算指标）、设备清单、费用标准等技术经济资料。

二、设计概算的内容

设计概算可分为单位工程概算、单项工程综合概算以及建设项目总概算三个层次。各层次之间概算的关系，如图6-1所示。

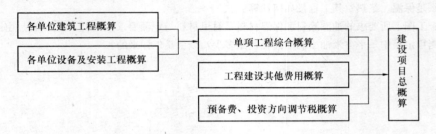

图6-1 设计总概算组成图

（一）单位工程概算

单位工程概算是指在初步设计（或扩大初步设计）阶段，依据所达到设计深度的单位工程设计图纸、概算定额（或概算指标）以及有关费用标准等技术经济资料编制的单位工程建设费用文件。它是编制单项工程综合概算的依据，亦是单项工程综合概算的组成部分。单位工程概算按工程性质可分为建筑工程概算和设备及安装工程概算。建筑工程概算包括土建工程概算；给水排水、采暖工程概算；通风、空调工程概算；电气照明工程概算；弱电工程概算；特殊构筑物工程概算等。设备及安装工程概算包括机械设备以及安装工程概算；电气设备以及安装工程概算等；工具、器具以及生产家具购置费概算等。

（二）单项工程综合概算

单项工程综合概算亦称单项工程概算，是由单项工程中的各单位工程概算汇总编制而成。它是建设项目总概算的组成部分。其内容组成如图6-2所示。

（三）建设项目总概算

建设项目总概算是确定整个建设项目从工程筹建到竣工验收所需全部费用的文件，它是由各单项工程综合概算、工程建设其他费用概算、预备费和固定资产投资方向调节税概算等汇总编制而成，如图6-3所示。

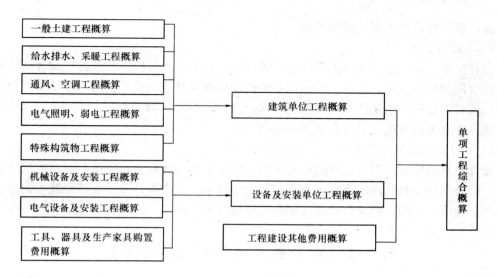

图 6-2 单项工程综合概算组

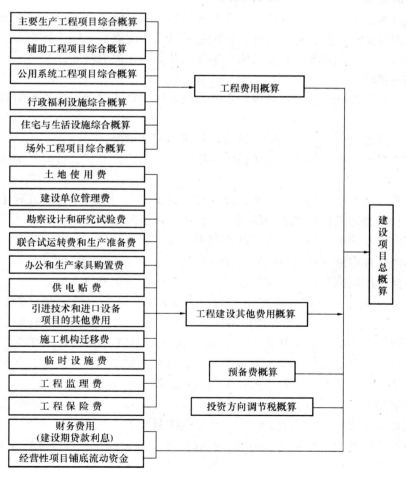

图 6-3 建设项目总概算组成图

三、设计概算的作用和编制原则

（一）设计概算的作用

设计概算是编制建设项目投资计划、确定和控制建设项目投资的依据；设计概算是签定贷款合同的最高限额；它也是编制标底价、投标报价和控制施工图设计和施工图预算的依据；同时设计概算还是体现设计方案技术经济合理性和选择最佳设计方案的重要依据；设计概算亦是考核建设项目投资效果的依据。

（二）设计概算的编制原则

设计概算的编制原则应是严格执行国家建设方针和经济政策；完整、准确的反映设计内容；结合拟建工程实际，反映工程所在地价格水平。总之设计概算应体现技术先进、经济合理，简明、适用。概算造价要控制在投资估算范围内。

第二节 设计概算的编制依据和步骤

一、编制依据

设计概算编制依据为经批准的可行性研究报告以及投资估算、设计图纸等资料；有关部门颁布的现行概算定额、概算指标、费用定额以及有关取费标准；有关部门人工、设备材料预算价格、造价指数等；有关合同、协议以及其他相关资料等。

二、编制步骤

就单位工程设计概算而言，其编制步骤与施工图预算的编制步骤基本相同。所进行的程序如下：

（1）首先熟悉设计文件、了解设计特点和现场实际情况；

（2）收集有关资料，包括工程所在地区地质、气象、交通和设备材料来源和价格等基础资料；

（3）熟悉有关定额、规范、标准，设计概算通常可采用扩大单价法或利用概算指标来编制，亦可利用类似工程概算法等编制。可根据不同情况灵活采用；

（4）列出工程项目，根据工程量计算规则计算工程量；

（5）套用概算定额（或概算指标），编制概算表，计算定额直接费；

（6）根据费用定额和有关计费标准计算各项费用，确定概算造价；

（7）根据所获得的数据，进行单方造价（元/m^2）和单方消耗量（管材/m^2、线材/m^2……）等分析。若是采用利用概算指标编制单位工程概算，则需要针对概算指标中有差异的数据进行修正和换算。若采用类似工程概算法编制单位工程概算，需要注意时间、地区、工程结构和类型、层高、调价差等因素，通过系数加以调整。用综合调整系数乘以类似工程预（结算）造价，就可获得拟建工程概算造价。

三、编制要求

设计概算是由设计单位负责编制。一个建设项目，若由几个设计单位共同设计时，应由承担主体设计任务的单位负责统一概算编制原则等事项，并且负责承担总概算的编制，其他设计单位则负责所分担的设计项目的概算。

设计单位以及设计人员应重视技术和经济的结合，工程经济人员在设计过程中，应对造价进行分析比较，及时反馈信息，能动地影响设计，从而有效的控制工程造价。

设计单位亦应确保设计文件的完整性。设计概算是技术和经济综合性文件,是设计文件的组成部分。对初步设计应有概算;技术设计应有修正概算;施工图设计应有预算。概、预算均应有主要材料设备表。

设计单位亦应提高概算编制的准确性,重视可行性、建设的周期性、变动因素等问题,以便准确的确定和控制工程造价。

第三节 单位工程概算的编制

一、建筑工程概算的编制方法

建筑工程概算的编制方法包括扩大单价法、概算指标法、类似工程概算法等。

（一）扩大单价法

概算计算程序如下：

（1）根据初步设计图纸或扩大初步设计图纸以及概算工程量计算规则,计算工程量；

（2）根据工程量和概算定额基价,计算直接费。概算定额由国家授权主管部门制定。是在预算定额基础上,以建筑结构形象部位为主,生产一定计量单位的扩大分项工程或结构构件所需要的人工、材料和机械台班的消耗量以及费用标准；

（3）将直接费乘以间接费率和计划利润率、计算间接费（有些地区的概算规定为综合费用）和计划利润；

（4）将计算得到的直接费、间接费以及计划利润相加,就得到土建工程设计概算；

（5）将概算价值除以建筑面积,可求出单方造价指标,即：

$$\text{单位工程概算的单方造价} = \text{单位工程概算造价} / \text{单位工程建筑面积} \quad (6-1)$$

（6）进行概算工料分析,并计算出人工、材料的总消耗量。此法适于初步设计达到一定深度,建筑结构较为明确时采用。

（二）概算指标法

如果设计深度不够,不能准确计算工程量,并且工程采用的技术较为成熟、又有类似概算指标可加以利用时,可以采用概算指标编制工程概算。

所谓概算指标指采用建筑面积、建筑体积或万元等单位,以整幢建筑物为对象而编制的指标。其数据来源于各种已建的建筑物预算或结算资料,也就是用已建建筑物的建筑面积或每万元除以所需的各种人工、材料获得。

因为概算指标是按照整幢建筑物的单位建筑面积表示的价值或单方消耗量,它比概算定额更为扩大、更综合,故按照概算指标编制设计概算更简化,不过概算的精确度较差。

若以单位建筑面积工料消耗量概算指标为例其概算公式如下：

$$\text{每平方米建筑面积人工费} = \text{指标规定的人工工日数} \times \text{当地日工资标准} \quad (6-2)$$

$$\text{每平方米建筑面积主要材料费} = \Sigma(\text{指标规定的主要材料消耗量} \times \text{当地材料预算单价})$$

$$(6-3)$$

$$\text{每平方米建筑面积直接费} = \text{人工费} + \text{主要材料费} + \text{其他材料费} + \text{机械费} \quad (6-4)$$

$$\text{每平方米建筑面积概算单价} = \text{直接费} + \text{间接费} + \text{材料价差} + \text{计划利润} + \text{税金} \quad (6-5)$$

$$\text{则设计工程概算价值} = \text{设计工程建筑面积} \times \text{每平方米}(m^2)\text{概算单价} \quad (6-6)$$

如果初步设计的工程内容与概算指标规定的内容有某些差异,可对原概算指标进行修正,然后,用修正后的概算指标编制概算。其方法是,从原指标的单位造价中减去应换出的设计中不含的结构构件单价,再加入应换入的设计中包含而原指标中不包含的结构构件单价,就可得到修正后的单位造价指标。概算指标修正公式如下:

$$\begin{matrix}\text{单位建筑面积造价}\\ \text{修正概算指标}\end{matrix} = \text{原造价概算指标单价} - \text{换出结构构件的数量}$$

$$\times \text{单价} + \text{换入结构构件的数量} \times \text{单价} \tag{6-7}$$

(三) 设备、人工、材料、机械台班费用的调整

$$\begin{matrix}\text{设备、工、料、机}\\ \text{修正概算费用}\end{matrix} = \begin{matrix}\text{原概算指标的设备、}\\ \text{工、料、机费用}\end{matrix} + \Sigma\begin{bmatrix}\text{换入设备、工、}\\ \text{料、机数量}\end{bmatrix} \times (\text{拟建地区相应单价})$$

$$- \Sigma\begin{bmatrix}\text{换出设备、工、}\\ \text{料、机数量}\end{bmatrix} \times (\text{原概算指标相应单价}) \tag{6-8}$$

(四) 类似工程概算法

如果工程设计对象同已建或在建工程项目类似,结构特征上亦基本相同,此时可采用类似工程预、结算资料来计算设计工程的概算价值。此方法称为类似工程概算法。

即是用类似工程的预、结算资料,根据编制概算指标的方法,求出单位工程的概算指标,再按照概算指标法编制设计工程概算。

采用此方法时,需要考虑设计对象同类似工程的差异,再用修正系数加以修正。如果设计对象与类似工程的结构构件有部分不相同时,必须增减这部分的工程量,之后再求出修正后的总概算造价。

采用类似工程概算法编制概算的公式如下:

工资修正系数(K_1) = 拟建工程地区人工工资标准/类似工程所在地区人工工资标准
$$\tag{6-9}$$

$$\begin{matrix}\text{材料预算价格}\\ \text{修正系数}(K_2)\end{matrix} = \frac{\Sigma\begin{pmatrix}\text{类似工程各主要} \\ \text{材料消耗量}\end{pmatrix} \times \begin{pmatrix}\text{拟建工程地区} \\ \text{材料预算价格}\end{pmatrix}}{\text{类似工程主要材料费用}} \tag{6-10}$$

$$\begin{matrix}\text{机械使用费修正}\\ \text{系数}(K_3)\end{matrix} = \frac{\Sigma\begin{pmatrix}\text{类似工程各主要} \\ \text{机械台班数量}\end{pmatrix} \times \begin{pmatrix}\text{拟建工程地区} \\ \text{机械台班单价}\end{pmatrix}}{\text{类似工程主要机械台班使用费}} \tag{6-11}$$

间接费修正系数(K_4) = 拟建工程地区间接费率/类似工程地区的间接费率 $\tag{6-12}$

综合修正系数(K) = 人工工资比重 $\times K_1$ + 材料费比重 $\times K_2$

$$+ \text{机械费比重} \times K_3 + \text{间接费比重} \times K_4 \tag{6-13}$$

$$\begin{matrix}\text{工程概算}\\ \text{总造价}\end{matrix} = \begin{matrix}\text{拟建工程的}\\ \text{建筑面积}\end{matrix} \times \begin{matrix}\text{类似工程的预}\\ \text{算单方造价}\end{matrix}$$

$$\times \begin{matrix}\text{综合修正}\\ \text{系数}(K)\end{matrix} \pm \begin{matrix}\text{结构增}\\ \text{减值}\end{matrix} \times \left(1 + \begin{matrix}\text{修正后的}\\ \text{间接费率}\end{matrix}\right) \tag{6-14}$$

二、设备安装工程概算的编制方法

设备安装工程概算的编制方法有预算单价法、扩大单价法、设备价值百分比法和综合吨位指标法等方法。

(一) 预算单价法

当初步设计具有一定的深度,且有详细的设备清单时,可直接按照安装工程预算定额

单价编制设备安装工程概算，其概算编制程序与安装工程施工图预算基本相同。

（二）扩大单价法

当初步设计深度不够时，设备材料清单亦不完备，仅有主体设备或成套设备以及主要材料时，可采用主体设备、成套设备的综合扩大安装单价来编制概算。

【例6-1】 某厂车间变电所拟建SLZ7-5000/35型变压器2台，综合扩大单价为95元/kVA，计算概算投资费用为多少？

【解】 95/10000万元/kVA×5000kVA×2＝95.00（万元）

（三）设备价值百分比法

又称为安装设备百分比法，是在设计深度不够，只有设备出厂价而无详细规格、重量时，安装费可以按照所占设备费的百分比计算。百分比即为安装费率，可由主管部门指定或由设计单位根据已完类似工程确定。此方法多用于价格波动不大的定型产品和通用设备产品，计算公式为：

$$设备安装费＝设备原价×安装费率(\%) \tag{6-15}$$

【例6-2】 某厂车间一通用设备，设备无详细资料，设备原价3万元，安装费率为2%，求此设备的安装费是多少？

【解】 30000元×2%＝600（元）

（四）综合吨位指标法

当初步设计提供的设备清单有规格和设备重量时，可采用综合吨位指标编制概算，其指标可由主管部门或设计院根据已完类似工程资料确定。这种方法多用于设备价格波动较大的非标准设备和引进设备的安装工程概算。计算公式为：

$$设备安装费＝设备吨位×每吨设备安装费指标(元/t) \tag{6-16}$$

【例6-3】 某厂引进设备规格、重量有详细清单，其重量为5t，每吨设备安装费指标为200元/t，求此设备的安装费是多少？

【解】 5t×200元/t＝1000（元）

三、设备购置费概算的编制

设备购置费由设备原价和设备运杂费两项组成。

国产标准设备原价可根据设备型号、规格、性能、材质数量以及附带的配件，向制造厂家询价或向设备、材料信息部门查询或按照主管部门规定的现行价格逐项计算。非主要标准设备和工、器具、生产家具的原价可按照主要标准设备原价的百分比计算，百分比指标按照主管部门或地区有关规定执行。详细内容见工程造价的确定与控制教材中有关设备及工、器具购置费用的构成章节的介绍。

国产非标准设备原价在编制设计概算时可按照下列两种方法确定：

（一）非标设备台（件）估价指标法

根据非标设备的类别、重量、性能、材质等情况，以每台设备规定的估价指标计算，即：

$$非标准设备原价＝设备台班×每台设备估价指标(元/台) \tag{6-17}$$

（二）非标设备吨重估价指标法

根据非标准设备的类别、性能、质量、材质等情况，以某类设备所规定吨重估价指标计算，即：

$$\text{非标准设备原价} = \text{设备吨重} \times \text{每吨重设备估价指标}(\text{元}/t) \quad (6-18)$$

设备运杂费按照有关规定的运杂费率计算,即:

$$\text{设备运杂费} = \text{设备原价} \times \text{设备运杂费率}(\%) \quad (6-19)$$

第四节 单项工程综合概算的编制

一、综合概算的组成及内容

(一) 综合概算

综合概算又称为单项工程综合概算,是以其所对应的建筑工程概算表和设备安装概算表为基础汇总编制的。当建设项目只有一个单项工程时,单项工程综合概算实际上就是总概算,还应包括工程建设其他费用、建设期贷款利息、预备费以及固定资产投资方向调节税的概算。

(二) 综合概算的组成

单项工程综合概算(书)通常由编制说明和综合概算表组成。

1. 编制说明

编制说明主要包括:

(1) 工程概况:如建设地址、建设规模、资金来源等;
(2) 编制依据:如采用的技术经济文件、定额、费用标准等;
(3) 编制范围:应介绍所包括以及未包括的工程和费用情况;
(4) 投资分析:可分别按费用构成或投资性质分析各项工程和费用占总投资的比例;
(5) 编制方法:利用预算单价法、扩大单价法、设备价值百分比法等等;
(6) 主要材料、设备等数量;
(7) 有关问题说明。

2. 综合概算表

是将有关各单位工程概算以及工程建设其他费用概算等资料汇总后,按照国家或部委统一规定的表格填写编制而成,见表6-1。

(三) 综合概算的内容

由于综合概算(书)是反映建设项目中某一单项工程所需全部建设费用的综合性技术经济文件,因此它所包括的内容有:

(1) 建筑工程概算费用:包括一般土建工程、给水排水工程、供暖工程、电气照明、弱电等工程概算费用;
(2) 设备及安装工程概算费用:包括工艺以及土建设备购置费、工、器具购置费和设备安装工程费用。
(3) 工程建设其他费用概算:包括土地使用费、与项目建设有关的其他费用以及与未来企业生产经营有关的其他费用,详细内容见工程造价的确定与控制教材中有关工程建设其他费用构成章节的介绍。
(4) 技术经济指标:技术经济指标是综合概算表中一项非常重要的内容,它反映出各专业新建工程单位产品的投资额,说明单位的生产和服务能力以及设计方案的经济合理性和可行性。

二、综合概算的编制

（一）编制依据

经过校审后的相应单项工程的所有单位工程概算。如果不编制总概算的建设项目，还必须编制工程建设其他费用概算。

（二）编制步骤

（1）经计算后将有关单位工程概算价值逐项填入综合概算表内；

（2）计算工程建设其他费用概算，列入综合概算表内（编总概算时，可不列此项）；

（3）将上述费用相加，可求出单项工程综合概算价值；

（4）按规定计算间接费、计划利润和税金等费用；

（5）将单项工程综合概算价值与其他间接费、计划利润和税金相加，就得到单项工程综合概算造价；

（6）计算各项技术经济指标；

（7）填写编制说明。

机械装配车间综合概算表　　　　表6-1

序号	单位工程和费用名称	概算价值（万元）					技术经济指标（元/m²）			占总投资（%）
		建筑工程费	设备购置费	工、器具购置费	工程建设其他费用	合计	单位	数量	单位造价（元）	
一	建筑工程	262.00			1.75	263.75	m²	4256		61.16
1	一般土建工程	212.81			1.25	214.06	m²	4256	502.96	49.64
2	给水排水工程	5.13				5.13	m²	4256	12.05	1.19
3	通风工程	21.33				21.33	m²	4256	50.12	4.95
4	工业管道工程	0.65				0.65	m²	58.50	111.11	0.15
5	设备基础工程	14.08				14.08	m²	402.25	350.03	3.26
6	电气照明工程	8.00			0.50	8.50	m²	4256	19.97	1.97
	⋮									
	⋮									
二	设备及安装工程		130.95	35.56		167.51				38.84
1	机械设备及安装		113.31	34.71		148.02	t	427.25	3464.48	34.32
2	动力设备及安装		17.64	1.85		19.49	kW	343.78	566.98	4.52
	⋮									
	⋮									
	总　计	262.00	130.95	36.56	1.75	431.26				100

第五节　建设项目总概算的编制

建设项目总概算是确定建设项目全部建设费用的总文件，它包括建设项目从筹建到竣工验收交付使用的全部建设费用。其内容包括各单项工程综合概算、工程建设其他费用、建设期贷款利息、预备费、经营性项目的铺底流动资金、编制说明和总概算表的填写等。

一、总概算编制说明

编制说明的编写，主要应说明以下问题：

1. 工程概况

工程概况应说明该建设项目的生产品种、规模、公用工程及厂外工程的主要情况。并说明该建设项目总概算所包括的工程项目与费用，以及不包括的工程项目与费用。

2. 编制依据

编写时应说明建设项目总概算的编制依据。它们主要包括该建设项目中各单项工程综合概算、工程建设其他费用概算及基本预备费概算，以及该建设项目的设计任务书、初步设计图纸、概算定额或概算指标、费用定额（含各种计费费率）、材料设备价格信息等有关文件和资料。

3. 编制方法

说明该建设项目总概算采用何种方法编制。并在编制说明中表述清楚。

4. 投资分析与费用构成

主要针对各项投资的比例进行分析，并与同类建设工程比较，分析其投资情况，从而说明建设项目的设计是否经济合理。

5. 主要材料与设备的需用数量

编制说明中还应说明建筑安装工程主要材料（钢材、木材、水泥），以及主要机械设备和电气设备等的需用数量。

6. 其他有关问题的说明

其他有关问题的说明，主要指有关编制文件与资料，以及其他需要说明的问题等。

二、总概算表的内容

总概算表的内容，主要由"工程费用项目"和"工程建设其他费用项目"两大部分组成。把这两大部分合计以后，再列出"预备费用项目"，最后列出"回收资金"项目，计算汇总后就可得出该建设项目总概算造价。现以工业建设项目为例，分述如下：

（一）工程费用项目

1. 主要生产项目和辅助生产项目

（1）主要生产工程项目，根据建设项目的性质和设计要求确定；

（2）辅助生产工程项目，如机修车间、电修车间、木工车间等。

2. 公用设施工程项目

（1）给水排水工程，如全厂水塔、水池及室外管道等；

（2）供电及电信工程，如全厂变电及配电所、广播站、输电及通信线路等；

（3）供气和采暖工程，如全厂锅炉房、供热站及室外管道等；

（4）总图运输工程，如全厂码头、围墙、大门、公路、铁路、通路及运输车辆等；

（5）厂外工程，如厂外输水管道、厂外供电线路等。

3. 文化、教育工程

如子弟学校和图书馆等。

4. 生活、福利及服务性工程

如住宅、宿舍、厂部办公室、浴池和医务室等。

（二）其他工程费用项目
（1）工程建设其他费用
（2）预备费
（3）回收资金

三、建设项目总概算编制案例

（一）建设项目概况

1. 建设项目名称

××市××工业园区××总厂

2. 相关的各项数据

该总厂各单项工程概算造价等相关数据统计如下：

（1）主要生产厂房项目：7400万元，其中建筑工程概算2800万元，设备购置费概算3900万元，安装工程费700万元；

（2）辅助生产项目：4900万元，其中建筑工程费1900万元，设备购置费2600万元，安装工程费400万元；

（3）公用工程：2200万元，其中建筑工程费1320万元，设备购置费660万元，安装工程费220万元；

（4）环境保护工程项目：660万元，其中建筑工程费330万元，设备购置费220万元，安装工程费110万元；

（5）厂区道路工程项目：330万元，其中建筑工程费220万元，设备购置费110万元；

（6）服务性工程项目：建筑工程费160万元；

（7）生活福利工程项目：建筑工程费220万元；

（8）厂外工程项目：建筑工程费110万元；

（9）工程建设其他费用：400万元。

3. 各项计费费率规定

（1）基本预备费费率为10%；

（2）建设期内每年涨价预备费费率为6%；

（3）贷款年利率为6%（每半年计利息一次）；

（4）固定资产投资方向调节税税率为5%。

4. 工期及建设资金筹集

该建设项目建设工期为2年，每年建设投资相等。建设资金筹集为：第一年贷款5000万元，第二年贷款4800万元，其余为自筹资金。

（二）建设项目总概算编制要求

（1）试计算与编制该建设项目总概算（即计算该建设项目固定资产投资概算）。

（2）按照规定应计取的基本预备费、涨价预备费、建设期贷款利息和固定资产投资方向调节税，在计算后将其费用名称和计算结果填入总概算表内。

（3）完成该建设项目总概算表的填写与编制。

（三）建设项目总概算表的填写

根据上述该建设项目概况、相关的各项数据和总概算的编制要求，进行总概算的填写与编制。其总概算表填写见表6-2。

建设项目固定资产投资总概算表（单位：万元） 表6-2

序号	工程费用名称	概算价值					占固定资产投资比例（%）
		建筑工程费用	设备购置费用	安装工程费用	其他费用	合计	
1	工程费用	7060	7490	1430		15980	75.14
1.1	主要生产项目	2800	3900	700		7400	
1.2	辅助生产项目	1900	2600	400		4900	
1.3	公用工程项目	1320	660	220		2200	
1.4	环境保护工程项目	330	220	110		660	
1.5	总图运输工程项目	220	110			330	
1.6	服务性工程项目	160				160	
1.7	生活福利工程项目	220				220	
1.8	厂外工程项目	110				110	
2	工程建设其他费用				400	400	1.88
	小计（1+2）	7060	7490	1430	400	16380	
3	预备费				3292	3292	15.48
3.1	基本预备费				1638	1638	
3.2	涨价预备费					1654	
4	投资方向调节税				984	984	4.62
5	建设期贷款利息				612	612	2.88
6	合计	7060	7490	1430	5288	21268	

注：投资方向调节税目前国家已取消，可不计取次项费用。

（四）预备费的计算

预备费概算包括基本预备费和建设期涨价预备费。现分别计算如下：

1. 基本预备费的计算

基本预备费指在编制概算时，不可预见的工程费用，包括初步设计增加费、地基局部处理费、预防突发事故措施费及隐蔽工程检查必要时的挖掘修复费等费用，按照国家现行规定，基本预备费的计算是以建筑安装工程费用、设备及工器具购置费用和工程建设其他费用三者之和为计取基础，乘以基本预备费费率即可得到基本预备费。其计算式如下：

基本预备费=（7060+7490+1430+400）万元×基本预备费费率
=16380万元×10%
=1638万元

2. 涨价预备费的计算

指建设项目在建设期内由于各种价格因素的变动，对工程造价影响的预测预留费，包括因人工、材料、机械、设备的价差发生，建筑安装工程费和工程建设其他费用进行调整，以及利率、汇率调整等所增加的费用。

涨价预备费的测算方法，可根据国家规定的投资综合价格指数，按估算年份价格水平的投资额为基数，采用复利方法计算。其计算公式如下：

$$PF = \sum_{t=1}^{n} I_t [(1+f)^t - 1] \qquad (6-20)$$

式中　PF——涨价预备费；
　　　n——建设期年份数；
　　　I_t——建设期内第 t 年的投资额，包括建筑安装工程费用、设备及工器具购置费、工程建设其他费用和基本预备费；
　　　f——年投资价格上涨率。

$$\text{涨价预备费} = [(16380 \text{万元} + 1638 \text{万元})/2][(1+6\%)^1 - 1]$$
$$+ [(16380 \text{万元} + 1638 \text{万元})/2][(1+6\%)^2 - 1]$$
$$= 540.54 \text{万元} + 1113.51 \text{万元}$$
$$= 1654 \text{万元}$$

（注：建设期为 2 年，每年建设投资相等，故除以 2，涨价预备费目前可根据国家计委计投资［1999］1340 号文件精神，并结合地方具体情况决定是否收取）

3. 建设预备费概算的计算

$$\text{建设预备费概算} = \text{建设基本预备费概算} + \text{建设期涨价预备费概算}$$
$$= 1638 \text{万元} + 1654 \text{万元}$$
$$= 3294 \text{万元}$$

（五）固定资产投资方向调节税的计算

固定资产投资方向调节税概算是以建筑安装工程费用概算、设备及工器具购置费用概算、工程建设其他费用概算和建设预备费用概算之和作为计算该项税费概算的基础，乘以固定资产投资方向调节税税率就可得到固定资产投资方向调节税概算。其计算式如下：

$$\text{固定资产投资方向调节税概算} = (16380 \text{万元} + 3292 \text{万元}) \times 5\%$$
$$= 19672 \text{万元} \times 5\%$$
$$= 984 \text{万元}$$

说明：固定资产投资方向调节税是因产业政策、控制投资规模、引导投资方向、调整投资结构等需收此税，并统称固定资产投资方向调节税。税率实行差别税率，按两大类建设进行征收，一是新（扩）建设项目，按 0%、5%、15%、30% 四个档次征收；二是更新改造项目，按 0%、10% 两个档次征收。计费基础是以建设项目实际完成的投资额为计税依据，即以实际完成的建筑安装工程费、设备及工器具购置费、工程建设其他费用和建设预备费之和为计算基础。该项税收目前国家已取消，今后的概算可不计取此项费用。

（六）建设期贷款利息的计算

建设期贷款利息，包括向国内银行和其他非银行金融机构贷款、出口信贷、外国政府贷款、国际商业银行贷款及在境内外发行的债卷等在建设期间内应偿付的借款利息，实行复利计算。

（1）当贷款总额一次性贷出且利率固定时，其计算式如下：

$$F = P(1+i)^n \qquad \text{则：贷款利息} = F - P \qquad (6-21)$$

式中　P——一次性贷款金额；
　　　F——建设期还款时的本利和；

i——年利率；

n——贷款期限。

(2) 当总贷款分年均衡发放时，建设期利息的计算可按当年借款在年中支用考虑，即当年贷款按半年计息，上年贷款按全年计息。计算公式如下：

$$Q_j = (P_{j-1} + 1/2 A_j) I \tag{6-22}$$

式中　Q_j——建设期第 j 年应计利息；

P_{j-1}——建设期第（$j-1$）年末贷款累计金额与利息累计金额之和；

A_j——建设期第 j 年贷款金额；

I——年利率。

(3) 建设期贷款利息的计算

由于该建设项目的贷款是按分年均衡发放的，故可按照上述公式（6-22）中的计算方法进行计算，具体计算如下：

$$年实际贷款利率(I') = [1 + (6\%/2)]^2 - 1 = 6.09\% \tag{6-23}$$

则：　第一年贷款利息 = $1/2 \times 5000$ 万元(A_j=1)$\times 6.09\%$ = 152.25 万元

第二年贷款利息概算 = $(P_1 + 1/2 A_2) I'$

= (5000 万元 + 152 万元 + $1/2 \times 4800$ 万元)$\times 6.09\%$

= 459.91 万元

式中　P_1——第一年建设期贷款累计金额与利息累计金额之和（即 5000 万元 + 152 万元 = 5152 万元）；

A_2——第二年贷款金额 4800 万元。

故：建设期贷款利息概算 = 152.25 万元 + 459.91 万元 = 612 万元

思 考 题

1. 什么是设计概算？
2. 设计概算的内容分哪几个层次？
3. 建设项目总概算包括哪几部分？
4. 单项工程综合概算包括哪几部分？
5. 简述单位工程设计概算的编制步骤。
6. 简述设备安装工程概算的编制方法。
7. 简述综合概算的含义以及内容组成？
8. 简述总概算的含义以及内容组成？
9. 简述总概算或综合概算编制说明所包含的内容？

参 考 文 献

[1] 贾宝秋等主编. 建设工程技术与计量(安装工程部分). 第四版. 北京：中国计划出版社，2006.
[2] 吴心伦编著. 安装工程定额与预算. 第四版. 重庆：重庆大学出版社，2006.
[3] 柯洪主编. 工程造价确定与控制. 北京：中国计划出版社，2006.
[4] 杨光臣主编. 建筑电气工程识图. 工艺. 预算. 第二版. 北京：中国建筑工业出版社，2006.
[5] 中华人民共和国建设部标准定额司主编. GYD_{GZ}-201—2000 全国统一安装工程预算工程量计算规则. 北京：中国计划出版社，2000.
[6] 电子工业部主编. GFD-201—1999 全国统一安装工程施工仪器仪表台班费用定额. 北京：中国计划出版社，2000.
[7] 原机械工业部主编. GYD-201—2000～GYD-211—2000 全国统一安装工程预算定额(第一册～第十一册). 北京：中国计划出版社，2000.
[8] 防雷与接地安装(D501-1～4)合订本. 中国建筑标准设计研究院编制与出版，2003.
[9] 利用建筑物金属体做防雷及接地装置安装(03D501-3). 中国建筑标准设计研究院编制与出版，2003.
[10] 电气竖井设备安装(04D701-1). 中国建筑标准设计研究院编制与出版，2004.
[11] 电缆敷设(D101-1～7)合订本. 中国建筑标准设计研究院编制与出版，2002.
[12] 给水排水标准图集合订本(S_1 上、下～S_8 上、下册) 中国建筑标准设计研究所编制与出版，1997、1996.
[13] 中华人民共和国建设部标准定额司. 全国统一建筑工程基础定额. 北京：中国计划出版社，1999.
[14] 景星蓉主编. 管道工程施工与预算. 第二版. 北京：中国建筑工业出版社，2005

全国高职高专教育土建类专业教学指导委员会规划推荐教材

（工程造价与建筑管理类专业适用）

征订号	书　名	定价	作者	备注
15809	建筑经济（第二版）	22.00	吴　泽	国家"十一五"规划教材
16528	建筑构造与识图（第二版）	38.00	高　远　张艳芳	土建学科"十一五"规划教材
16911	建筑结构基础与识图（第二版）	23.00	杨太生	国家"十一五"规划教材
12559	建筑设备安装识图与施工工艺	24.00	汤万龙　刘　玲	土建学科"十一五"规划教材
15813	建筑与装饰材料（第二版）	23.00	宋岩丽	国家"十一五"规划教材
16506	建筑工程预算（第三版）	32.00	袁建新　迟晓明	国家"十一五"规划教材
15811	工程量清单计价（第二版）	27.00	袁建新	国家"十一五"规划教材
16532	建筑设备安装工程预算（第二版）	19.00	景星蓉	国家"十一五"规划教材
16918	建筑装饰工程预算（第二版）	16.00	但　霞　何永萍	土建学科"十一五"规划教材
12558	工程造价控制	15.00	张凌云	土建学科"十一五"规划教材
16533	工程建设定额原理与实务（第二版）	21.00	何　辉　吴　瑛	国家"十一五"规划教材
16530	建筑工程项目管理（第二版）	32.00	项建国	国家"十一五"规划教材
14201	建筑电气工程识图．工艺．预算（第二版）	33.00	杨光臣	国家"十一五"规划教材
13533	管道工程施工与预算（第二版）	30.00	景星蓉	国家"十五"规划教材
16529	建筑施工工艺	30.00	丁宪良　魏杰	土建学科"十一五"规划教材

欲了解更多信息，请登录中国建筑工业出版社网站：http://www.cabp.com.cn 查询。